国家出版基金项目资助
全国高校出版社主题出版
浙江大学资助
国家海洋局极地考察办公室资助

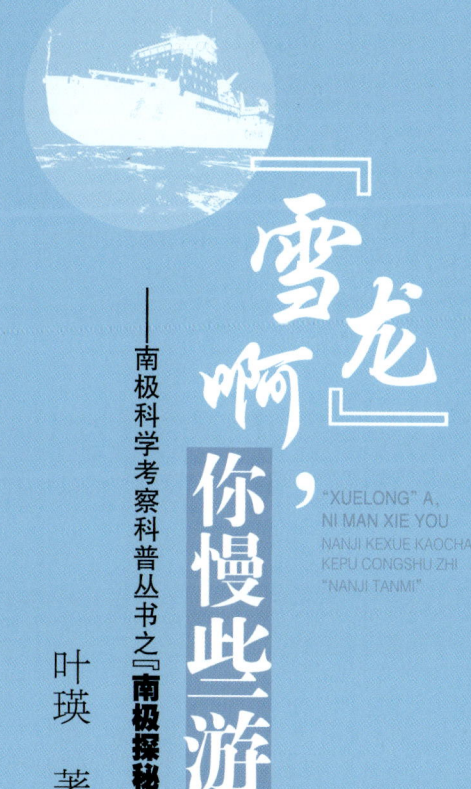

"雪龙"啊，你慢些游

——南极科学考察科普丛书之『南极探秘』

"XUELONG" A,
NI MAN XIE YOU
NANJI KEXUE KAOCHA
KEPU CONGSHU ZHI
"NANJI TANMI"

叶瑛 著

中国地质大学出版社
ZHONGGUO DIZHI DAXUE CHUBANSHE

图书在版编目(CIP)数据

"雪龙"啊,你慢些游.南极科学考察科普丛书之"南极探秘"/叶瑛著.—武汉:
中国地质大学出版社,2020.12
ISBN 978-7-5625-4908-6

Ⅰ.①雪…
Ⅱ.①叶…
Ⅲ.①南极-科学考察-日记
Ⅳ.①N816.61

中国版本图书馆CIP数据核字(2020)第234836号

"雪龙"啊,你慢些游
—— 南极科学考察科普丛书之"南极探秘"   叶瑛 著

责任编辑:王 敏 张 旭 陈 琪	选题策划:张 旭	特别策划:郑丽波	责任校对:徐蕾蕾

出版发行:中国地质大学出版社(武汉市洪山区鲁磨路388号)　　邮政编码:430074
电　　话:(027)67883511　　传　　真:(027)67883580　　E-mail:cbb@cug.edu.cn
经　　销:全国新华书店　　　　　　　　　　　　　　　　　　http://cugp.cug.edu.cn

开本:787毫米×1092毫米　1/16　　　　　　　　　　字数:108千字　　印张:8
版次:2020年12月第1版　　　　　　　　　　　　　　印次:2020年12月第1次印刷
印刷:武汉中远印务有限公司

ISBN 978-7-5625-4908-6　　　　　　　　　　　　　　　　　　　　定价:28.00元

如有印装质量问题请与印刷厂联系调换

序 Xu 1

　　浙江大学叶瑛教授作为大洋队队长参加了中国第33次南极科考工作,在率队完成环绕南极的科考活动及物资装卸任务的同时,他笔耕不辍,利用业余时间写下了约30万字的科考日记。《"雪龙"啊,你慢些游——南极科学考察科普丛书之"南极探秘"》(以下简称本书)从当事人的角度,以大洋队队长的视角,真实叙述了极地科考事业的欢乐与艰辛。本书全方位展示了中国南极科考站、"雪龙"号以及随船科研人员的工作与生活。以八〇后、九〇后为主体的科考队员经受了种种考验,包括南大洋的惊涛骇浪、长期航行的孤独寂寞、连续作业的不眠不休。把这套日记编辑成书并付梓出版,对于弘扬南极精神、宣传极地事业具有重要价值。

　　阅读这本书,南极风光尽收眼底,包括绚丽多彩的极光,千姿百态的冰山,目不暇接的海洋生物,以及南半球国家的风土人情。这些自然景观和异域风情的展示,既有科普意义,也彰显了中国的全球影响力。

　　南极科考是中国极地战略和海洋战略的重要组成部

分。了解南极、探索南极是中国政府和人民对科学精神的追求。本书集科普性与趣味性于一体，能从一个侧面满足公众对南极、南大洋知识的渴求，是一部不可多得的有关极地科考题材的好书。

秦为稼
国家海洋局极地考察办公室主任
2019年8月20日

中国第33次南极科考是中国组织的第3次环绕南极的科学探险航行。"雪龙"号四过西风带，航程5万多千米，为中国南极中山站（以下简称中山站）、中国南极长城站（以下简称长城站）、中国南极泰山站（以下简称泰山站）、中国南极昆仑站（以下简称昆仑站）提供了物资补给和人员轮换。科考队在普里兹湾、南极半岛和罗斯海进行了多学科综合性科考作业，并开展新站选址工作。这次科考在中国南极研究历史上具有重要意义。

浙江大学叶瑛教授作为中国第33次南极科考队大洋队队长参加了这次宝贵的南极之行，这也是浙江大学的学者第一次走进南极。应浙江大学师生和校内外同仁盛情邀约，叶瑛教授坚持利用业余时间写下科考日记，并及时传回校内，通过校园网络媒体分享给校内外读者。其日记近百篇、约30万字，广受读者欢迎和好评。

本书以叶瑛教授科考日记为蓝本，从第一人称角度，以日记的方式，介绍了南大洋西风带、南极生物和海冰、南半球国家的风土人情，以及"雪龙"号的技术装备和科考内容等知识。书中还描绘了包括科考队员、船员、船长和领队等人物群像，展示了他们对工作执着认真、不懈探索及爱国奉献的精神。

　　极地是研究海洋的关键点之一。本书在弘扬南极事业、宣传南极精神的同时，向大家揭示了自然界的奥秘，以及其中所包含的科学知识，势必吸引并感召更多热心海洋事业的人们投身到波澜壮阔的极地科考事业中来。这是一套不可多得的好书！

（王瑞飞）

浙江大学海洋学院党委书记
2019年9月10日

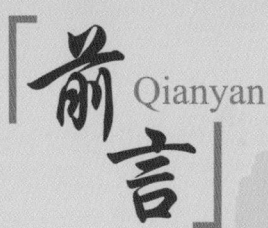

南极洲由南极大陆、陆缘冰、岛屿组成,总面积约1400万 km²,其中南极大陆95%以上的面积被巨厚的冰雪覆盖。南极冰盖平均厚度2000~2500m,储存了全球70%以上的淡水资源。当人们担心北极冰消雪融会造成海平面上升时,他们或许还没意识到决定全球海平面升降的是南极,而不是北极。

南极洲蕴藏着丰富的矿产资源,包括石油、天然气、煤炭等能源矿产,以及金、银、铜、铁、锌、铝等金属矿产。倘若地球其他几大洲的矿产资源耗尽,这里将是人类最后一座宝库。

环绕南极大陆周边的海域被统称为南大洋。鼎鼎大名的南大洋西风带,像是一道天然屏障,守护着南极的寂静与安宁,也维护了南大洋生态系统的独立性和特殊性。

对生活在现代都市的人们而言,南极是一方远离尘嚣的净土;对渴求自然资源的工业社会而言,南极有巨大的宝藏;对追求科学真理的探索者而言,南极有无穷的奥秘。正因为如此,中国自1984年以来每年都组队赴南极进行科学考察。

2016年11月—2017年3月,我十分荣幸地随"雪龙"号极地考察船(以下简称"雪龙"号)参加了中国第33次南极科考工作。120多个日日夜夜,3万多海里的航程,四过西风带的惊涛骇浪,目不暇接的冰山和极光,八〇后、九〇后队友们的青春风采,都给我留下了难忘的记忆。出征前领导和同事们再三嘱咐,让我在工作之余不要吝惜笔墨,要把南极科考见闻付诸文字,及时发回学校,用以宣传极地科考事业,弘扬南极精神。环境激发的创作灵感和领衔受命的责任感是我在科考途中笔耕不辍的双重动力。

从"雪龙"号进入南大洋起,《中国第33次南极科考日记》就连载在浙江大学及浙江大学海洋学院的网站上,许多师生在阅读几篇后就迷上了南极,迷上了"雪龙"号,纷纷把科考日记或者是载有日记的网站分享到自己的朋友圈。浙江大学的师生成了"雪龙"号科考日记的读者,为中国第33次南极科考队担当义务宣传员,这在"雪龙"号上引起了共鸣。领队、队友及船员不断给我加油鼓劲,作为此次科考队大洋队队长的我就这样客串起了业余作家和兼职记者。无论是在科考作业最紧张的时候,还是在遭遇强气旋的恶劣海况下,我坚持写的一篇篇科考日记源源不断在浙江大学及浙江大学海洋学院的网站连载。在完成科考任务告别"雪龙"号时,不经意间发现自己已写下了近百篇、约30万字的科考日记。

从南极载誉归来不久,我十分荣幸地当选了"最美舟山人——舟山魅力2017年度最具影响力人物"。能够获得提名并得到众多网络投票的支持,主要原因不是我的科研成就,而是《中国第33次南极科考日记》带来的社会影响。这当然也代表了社会公众对南极科考事业的支持,对探索自然奥秘的向往。

回首看来,这套纪实体的科考日记是从大洋队队长的角度,向读者展示大洋队的工作、生活和沿途见闻。虽然笔者文学功底不如专业作家,但身临其境的体会和科学家的视野或许能带给读者不一样的感受。

笔者借此机会感谢科考队的全体队友及"雪龙"号的全体船员们在生活上、工作上的支持与帮助,也感谢他们为本书提供的精彩照片。感谢浙江大学及浙江大学海洋学院师生,以及众多网友对南极科考的关注和鼓励。感谢中国地质大学出版社为本书的出版发行付出的努力。

叶瑛

浙江大学海洋学院

2019年10月20日

目录

引言——中山站前的那片海　/1

大洋队和内陆队　/3

难得的假日　/8

再访中山站　/11

安全撤离　/16

驶离中山站　/19

收放潜标　/23

备战南极半岛作业区　/27

气象保障室　/29

今夜风雪弥漫　/32

南极半岛海域科考作业开始了　/34

南极半岛海域科考作业第一天　/38

首战告捷　/41

气旋和浮冰　/43

作业过半　/45

感恩之心迎元旦　/48

驶往长城站　/53

长城站啊,想说爱你不容易　/55

物资回运　/57

天道酬勤　/61

安全啊安全　/64

VII

备战罗斯海　/67

亮点与难点　/70

见证历史时刻的人们　/73

"陈氏断面"历险记　/76

南极妖姬——难言岛　/80

有惊无险难言岛　/83

几近完美的地球物理调查　/86

埃里伯斯火山下的收获　/88

"陈氏第二断面"完成　/92

孙波领队的愿景和难言岛新站展望　/94

回到普里兹湾　/96

普里兹湾第一阶段作业遇到了不少麻烦　/98

久违了,中山站　/102

卸货与交流　/104

变与不变　/109

期待的奇迹没有发生　/111

告别南大洋　/113

后记　/116

引言
——中山站前的那片海

俯瞰南极中山站（冯洋 摄）

中山站是中国在南极大陆重要的枢纽性常年科考站，也是对南极大陆、内陆冰盖进行探险考察的大本营和物资中转站，科考队员在此执行驻站科考、研究任务，在中国第33次南极科考期间，"雪龙"号两次停靠在中山站附近海域，执行物资转运和科考任务。由于冰情复杂，"雪龙"号无法像往常那样使用大型机械进行卸货和转运，科考队员和船员、机组人员通力合作，完成了数百吨物资和油料的转运，并出色完成了预定的科考任务。

中山站是南极大陆最令人向往的地方。2016年11月29日，"雪龙"号停靠在距离中山站不远的冰面上，在这里我们最先眺望到这片神秘的、冰雪皑皑的大陆，开始了环绕南极的科考航程。

中山站及周边南极科考站位置示意图（引自中国地图出版社2015年版世界地图，未包括此后建成的科考站）

大洋队和内陆队

2016-12-02

直升机挂钩作业(周景武 摄)

大洋队的核心任务,是在南极周边海域,也就是南大洋进行多学科综合考察。工作性质相当于"海军",队员都是来自中国的主要海洋研究机构和涉海高校,几乎都是硕士以上学位,既有从事海洋研究多年的科学家,也有在读的研究生。他们所在的团队都承担了与海洋有关的研究课题。这支队伍的特点是除了学历高,还有高度的工作热情和自律性。在挺进南极的航渡途中,大洋队的全体成员有条不紊地执行着各自的科研任务,采集各类样品,包括海水、浮游生物、大气(气溶胶),获取物理海洋、海洋水文信息。在整个航渡途中都不曾停止(西风带除外),轮番作业、各显神通。

内陆队是地道的"陆军",任务是以中山站为起点,挺进南极大陆内部,前往昆仑站执行观测任务,再返回中山站。这项任务听上去很简单,做起来可不容易。昆仑站是南极大陆离海岸线最远的科考站,与长城站距离1260km。这要是在国内,自己开车走高速1天就能到,可从长城站至昆仑站之间根本就没有路,只有白茫茫一片冰原,看上去一望无垠、一马平川,但积雪之下有无数的冰裂缝,人员、车辆若坠入其中几无生还的可能。首先内陆队就像是一支军队浩浩荡荡地从长城站出发。走在最前面的是雷达探路车,能发现数十米外隐藏在积雪之下的冰裂缝。紧随的是工程车队,具有逢山开路、遇壑架桥的能力。断后的是后勤和生活车队,能够保证全队人员三四个月的物资供给和食宿,还带有各类科研装备和观测仪器,就连沿途产生的各类垃圾,包括队员的排泄物都要封装、打包后带回国内处理。昆仑站还是南极大陆海拔最高的科考站,雄踞冰穹A的制高点,海拔4089m。出发前,内陆队员先要在西藏羊八井基地(海拔4500m)进行适应性训练。尽管昆仑站海拔略低,但生存环境比羊八井更恶劣,即便是在夏季,天气也极度严寒,空气氧含量也比羊八井低。能到达昆仑站的都算得上是好汉,因为那里几乎是生命禁区。

要把这样一支队伍送上南极可不是一件容易的事情。环顾全球,有此能力的国家屈指可数。

"雪龙"号停靠在距离中山站约31km的冰面上,第一项任务是把内陆队所需的各类物资送上岸,并运到出发集结地。需要卸载、转运的物资包括几百吨的油料,大批生活保障物资,还有科研观测仪器、各类车辆等。

大洋队在卸货攻坚战中担任总预备队的工作,就像当年陈佩斯在春晚小品《配角》中表演的那个角色。小品中的陈佩斯不愿意当配角,用尽手段和朱时茂争主角。但我们不是小品中的陈佩斯,即便是配角,也要演得有声有色。我们派出的人员如下。

4名直升机加油员。因为今年冰情复杂,物资转运主要靠直升机。"雪鹰"号每飞2~3趟就要加1次油。每当飞机降落加油时,地勤和加油员拖着沉重的输油管,顶着引擎的巨大噪声和螺旋桨的气流冲上去,拧开油箱盖,加注燃油,等油箱充满后进行相反的操作,再撤离到安全位置,然后朝飞行员比划一个手势,目送飞机拔地而起,直至离去。这是个力气活,也是个技术含量不低的细致活。4名加油员都是我们大洋队的棒小伙,可一天下来也感觉十分辛苦。更累的是直升机的驾驶员们,每天从8时开始,一直到23时结束,要飞二十几个架次。这种高强度的飞行作业要持续十多天。

4名直升机货物挂钩员。每次调运货物时,"雪鹰"号从远处而来,缓缓悬停在货物上空,机身下面一根钢缆刚一落地,就有几个身强力壮的小伙冲上去,把货物上的吊环挂在钢缆的钩子上,然后迅速撤离到安全距离,拇指朝上伸直右臂,目送"雪鹰"号在"怒吼"声中带着货物朝中山站方向远去。站在数十米外的船舷旁,我依然感觉到"雪鹰"号螺旋桨的威力。一方面被卷起的冰晶打在脸上生疼;另一方面虽然防寒服不透风,但领口和袖口没法完全密封,从这里钻进来的风会迅速带走体内的热量。4名挂钩员分两班轮流作业,每一班都要在冰上站立6小时。他们从头到脚都严实地包裹着,为抵御螺旋桨的气流,也遮挡一些从雪面反射的光辐射。南极的极昼太阳24小时都在地平线之上。为了抓住这难得的连续好天气,"雪龙"号的卸货、转运作业满负荷,甚至超负荷运行。

2名冰上探路员。他们跟随雪地摩托，每隔一段距离在冰上钻一个孔，记录下冰层的厚度，期待着能够开辟出一条冰上通道。中山站的雪地车和大型雪橇如果能从冰上开进来，将大大加快卸货、转运的进度。在冰上作业并不轻松，况且还要面对冰裂缝的威胁。在"雪龙"号和中山站之间，有一条宽几千米的碎冰带。这里的冰面曾经遭受外力（如潮汐、风暴等）破坏，然后又被冻结在一起。碎冰带犹如陷阱带，曾有一辆雪地摩托掉入冰裂缝中。但愿这种事今后不会再发生。

4名帮厨。以往是队员不分男女轮流帮厨，卸货期间男队员都上了艰苦岗位，厨房里的切菜、洗碗、配菜等岗位换成了清一色的女性。如果觉得这几天伙食不错，可别忘记了我们大洋队姐妹们的功劳。

大洋队共有27位队员，除去上面说的14人，还有13人编成1组，我自封组长，带着大家一起去掏箱。所谓掏箱，就是把存放在一个大集装箱中的十几吨货物取出来，分放在几个较小的集装箱或网兜中，每件不超过4.5t，这是"雪鹰"号吊挂能力的上限。大家站成一排，货物从一个集装箱中被拣起，经过十几双手传递到另外一个箱中并被码放好。两端的人都是壮劳力。因为年岁不饶人，我一般被安排在传递线的中部。气力不佳智慧补，只见年近花甲的叶队长（我）两腿站稳，小臂放平，大臂收紧，接过货物双腿不动，一个转体并借势上抛，货物就到了下一位队员的手里。遇到重量级货物，比如20kg一箱的罐头，或者是一袋土豆，大家不忘记吆喝一声，既给自己助力，也提醒下一位队员注意。

十几吨货物的掏箱，我们用了不到1小时。没人告诉我"雪龙"号的纪录是多少。从广播通知去掏箱到任务完成，或许我们创下了一个新的纪录。我要求大家把全套着装放在手边，包括厚重的防寒服、绒布帽子、靴子、墨镜等，在各自的办公室待命，听到广播立刻换装上甲板。我的动作不算慢，但当我到达作业甲板时，大洋队员到岗率已经过半。如此整齐的动作,如此齐心协力,今年的大洋队让人刮目相看。要知道这27名队员来自国内16家单位,上船以前最多只是一面之交,多数并不相识,经过短暂磨合,竟能配合得如此默契,一方面是全体队员有很强的团队意识和奉献精神,另一方面,队长也发挥了很好的表率作用。年近花甲的队长站在一线,大家都跟着队长一起卖力干。一天下来,摘下胶皮绒布防寒手套,闻到的分明是臭脚丫的味道,手掌的汗水把绒布都湿透了,全身也好不到哪里去。好在"雪龙"号不缺淡水,足够队员们洗澡所用。

在今后十几天时间里,我们将每天完成相同的工作:通过直升机运物资,到厨房帮厨,在甲板掏箱,以及在冰盖上探路。虽然我们充当着内陆队的配角,但我们的工作也是中国实施南极战略不可或缺的一部分。如果中国第33次南极科考队在南极内陆能够有所建树,那里面肯定有我们的汗水和功劳。

难得的假日
2016-12-04

我们到达以后接连5天风和日丽,直到昨天,傍晚时分,随着一阵风儿起、一片乌云来,天气一会儿就变了模样。从3～4m/s的微风到11m/s的强风,从阳光灿烂到雪花飘飘,这种转变也就几分钟的时间。"雪鹰"号从中山站返回途中遭遇天气突变,在强气流中一阵颠簸,好在机组人员技术过硬,控制住机身姿态后,将"雪鹰"号紧急降落在船尾甲板上,呼叫人员将它推入了机库。气象保障组事先预告了天气的变化,但没预料到来得这么快。

根据预报,今天一天仍是大风加小雪,"雪鹰"号不能飞,大家一起放假。这是我们出发以来第一次享受难得的"假期"。按照生物钟的节奏,我在5时多醒来,但今日没有像往常一样立即起床。昨日紧张的掏箱可是重体力活,从7时30分开始至17时结束,午饭加午休只用了一个半小时。双臂酸疼,眼皮也有些睁不开,难得的休息日,就多睡了一小时。早饭时餐厅就餐人数不到往常的一半,看来大家都需要彻底放松以恢复体力。

最需要休息的是直升机组人员。自从"雪龙"号停靠冰面以来,直升机组连续紧张作业了5天,每天从8时持续到23时。除了加油,"雪鹰"号都在往返"雪龙"号和中山站的飞行途中。5名飞行员,操纵"雪鹰"号需要3人,大家还可稍有轮换。4名地勤人员,2名负责货场作业,另2名负责加油。我们派出的辅助人员尚可分成两班,但地勤人员无法轮班,必须全天作业。飞行作业结束后,地勤人员还要对飞机

队员们利用卸货作业间歇期进行冰上观测

进行日常检修和维护保养,一天只有五六个小时的睡眠时间。货场上的地勤人员在送走飞机后,时常坐在雪地上就睡着了,我们的辅助人员在飞机回来时再摇醒他们,共同进行挂载作业。利用这难得的一天,机组人员可以补个觉,飞机也需要维护保养一番。

  大洋队其实只休息了小半天。中国海洋大学和自然资源部第二海洋研究所的研究小组在午饭后获准进行冰上作业,他们的预定科研任务是采集冰芯,对冰下海水、海洋浮游生物进行取样分析,以及对冰层进行连续的动态观测。冰上作业需要层层审批,主要是出于安全考虑。冰层厚度虽然有1.5m,但在冰面上不时会窜出一只海豹。海豹能出来,人就有可能会掉进去。碎冰带中的冰窟窿曾吞噬过某国家科考站的两辆雪地车,有数人遇难。冰上作业被限定在船舷附近的一块狭长地带,驾驶台的工作人员一直注意着他们的安全。这队人员直至

20时30分左右才完成预定任务。南极的夏日是极昼，不分白天黑夜，只分上午和下午。

厦门大学的队员也没有闲着，他们使用船尾的A架和绞车，获得了期待已久的海洋沉积物的底栖生物样品。在卸货期间，为保证"雪鹰"号的安全，禁止使用A架，科考作业也基本暂停，大洋队只能利用不能飞行的坏天气赶紧进行科研观测和取样。

这就是我们的休息日。对于卸货作业，是休息；对于科考和研究，则是难得的窗口时间。我们的工作强度不亚于昨日紧张的卸货。

再访中山站

2016-12-10

中山站极光(吴桐 摄)

再次登上中山站,主要目的是作为见证人,出席中国第32次南极科考队和中国第33次南极科考队的交接仪式。10天来,当我们在冰面忙着卸货时,中山站的两任站长,一个在维持中山站正常运行,另一个指挥物资清点入库和转运,他们还要进行设备交接、物资交接,以及维修、维护记录的交接。可想而知,两位站长这段时间够忙的。

在交接仪式上,中国第32次南极科考队全体队员着深蓝色队服、中国第33次南极科考队全体队员着深红色队服分坐在长条桌两侧,

中山站全景（冯洋 摄）

领队和他的主要助手们在会场正中站成一排。我们目睹了新老站长在交接文件上签字。在热烈的掌声和闪亮的镁光灯中，他们紧紧握手。这一刻意味着中国在南极大陆的这个永久性居民点和研究基地换了新主人。汤永祥站长将告别他为之呕心沥血一年多的岗位，踏上与家人团聚的归途。赵勇站长接过的工作并不轻松，汤站长的管理能力在极地中心是公认的强，中国第32次南极越冬队员的表现也被公认为是近几年最出色的。赵勇站长是否能"百尺竿头，更进一步"，对他是一个考验。

交接仪式的下一项内容是升国旗。我们移步至室外的小广场，在旗杆前列好队，升国旗、奏国歌。仪式完成后我们和赵勇在会客室稍坐了一会，他首次以站长的身份接待并陪同我们。言谈举止间他对今后的工作充满自信，并且有初步的计划。"这旗杆需要扶正并加固。"他指着窗外的小广场说。这略显倾斜的旗杆是南极暴风雪威力的见证,据说旗杆曾经被吹倒,在重新竖立后又被吹歪了。对站容和周边环境的进一步整治,他显得胸有成竹。第一次见面时看到赵勇站长的长发,觉得他可能是艺术家,或许我没看错。中山站在汤站长任期内被管理得井井有条,站容整洁有序,相信在赵站长任期内会更加光彩夺目。

要想在管理上比汤站长更进一步可不容易。上任伊始的两件事让赵站长的应对能力经受了小小的考验。首先是新队员中有一位没有入住安排好的宿舍,而是把行李搬进了综合楼。这可是违反站规的,即便是以往相识的同事,也不能如此随意。赵站长细细询问了其中的原委。原来这名新队员是"睡眠呼吸障碍综合征"患者。通俗一些说就是睡觉会打呼噜。成年男子大约有一半人睡觉打呼噜,轻微的鼾声不是问题,但有人鼾声如雷而且伴有呼吸暂停,这就是所谓的"睡眠呼吸障碍综合征",严重时甚至会导致窒息。为了不影响室友,以及方圆数十米内邻居的睡眠,他默默地把行李搬进了综合楼,等待站长发落。结果自然是得到了妥善的安置。

另外一件事是几位女队员要求去邻近的俄罗斯进步站体验洗桑拿。进步站是我们的近邻,他们的科考队员平时来打球、蹭饭从来不见外,中山站需要帮助时他们也都是有求必应。面对女队员看似合理的要求,赵站长的答复只有3个字"不派车"。进步站与中山站相距不到2km,步行也就20分钟,不派车也不是问题,但站长的脸色分明是不同意,队员们也就知难而退了。并非赵勇不善言辞,这其中的道理不是那么容易能说清楚的。俄罗斯人的秉性是热情、豪放、开朗,他们的喜怒哀乐都表现得直截了当,不像中国人那般含蓄。几年前中山站负责人曾陪同国内来的领导去访问进步站,俄罗斯同行对随行的我方女记者热情得不得了,一见面又是亲吻又是拥抱,把美女记者惊得花容失色，好几天才恢复常态。在官方会见场合都是这样，你说几个美女主动去他们那里洗桑拿，结果会怎样？赵勇站长既不敢想，也不方便说，只能期待我们日后能多了解些我们的俄罗斯邻居。

从会客室出来时离午饭时间还早，我独自登上了站区的六角楼。六角楼里面是空间物理观测实验室，为避免打扰实验室人员的工作，我沿着楼外的旋梯拾级而上，站在楼顶将整个中山站的建筑群尽收眼底。中山站自1989年建成以来，经过不断扩建已拥有18栋建筑，能容纳25人越冬、60人度夏，也能支持驻站科学家们开展高空大气物理学、极光物理学、冰川学、地质地球物理学、气象学、南极海洋科学研究和矿产资源调查。

中山站所在地被称为拉兹曼丘陵，这里基岩裸露，深褐色、灰黄色的基岩在南极大陆茫茫冰原上格外显眼。这或许是众多国家选择在此建设科考站的主要原因。我们的近邻包括俄罗斯的进步站、友谊

遥望南极星空的六角楼（冯洋　摄）

站,澳大利亚的戴维斯站和劳基地,印度的巴蒂站。在这些科考站中,中山站的条件是公认最好的。中山站的固定翼机组新近雇用了一位澳大利亚机长,因为工作关系,需要他留在南极大陆过圣诞节。根据中澳两国的协议,他可以选择两国在附近的任何科考站作为生活起居地。这位澳大利亚机长拒绝了任何其他安排,坚持要住在中山站。几条理由都合情合理:中山站能免费上网,其他站不能;中山站逢年过节热闹,其他站冷清;中山站的伙食顶呱呱,其他站一般般。澳籍机长的评价并无虚言。中山站已经成为我们强大综合国力的象征。

  中山站在新任站长赵勇的领导下肯定会更好、更兴旺。物资保障上不仅有"雪龙"号,还有固定翼飞机和直升机;研究能力也不必担心,中国极地研究中心(以下简称极地中心)和南极站已经成为吸引国内外优秀人才的新热点。

安全撤离
2016-12-11

"雪龙"号停靠冰面卸货(祝标 摄)

我一直有早睡早起的习惯,但由于这段时间卖力卸货,汗水出多了,睡眠时间也就长了,几乎是每天都从20时30分睡到次日6时30分。同事们也知道我的作息习惯,很少有人夜间打搅我。可昨晚我在一阵酣睡后竟然听到电话铃响,是什么情况?拿起听筒,才知道"雪龙"号在机动过程中遇到了小小的困难,领队希望大家准备配合。

听到这个消息,我立即穿好衣服,先推开就近的舱门,在甲板上看了一下天气。天低云暗,大风裹着雪花,这是典型的低压气旋,降雪后可能会伴随着降温。不用说,坏天气和外面的浮冰状况是"雪龙"号临时机动作业的原因。在这种情况下,"雪龙"号需要朝外海方向后撤到相对安全的海域,以免被冻住或被浮冰堵住退路。"雪龙"号临时机动作业的决定下午就公布了,对于极地科考船而言这种情形不是什么新鲜事。大洋队提前收回了冰上观测装备,然后按部就班做各自应该做的事情。

下到一层实验室,大洋队的主要设备都在那里。推开实验室的门,几个队员在整理装备。一问情况,才知道入夜后"雪龙"号一直试图脱离,但直到现在依然纹丝不动,应该是船体在冰面上固定得太牢了。我问大家准备如何配合机动作业,物理海洋组的孙永明指着他们的冰上钻机说,在冰上打一个洞,插入木桩,套上钢索,开动绞车,或许能把"雪龙"号拉出去。这建议看似不合理,因为绞车和钢缆的承载力只有20多吨,那"雪龙"号排水量可有20 000多吨;但其合理性在于,此时的"雪龙"号漂浮在海面上,需要克服的只是船体与冰面的摩擦力,应该值得一试。还有人提议说,我们准备了很多融冰剂,何不拿出来一试?这个和前面的建议一样,既有合理性,也有不合理性。合理性在于,"雪龙"号并没有骑上冰面,而是撞入了冰面,只需要把融冰剂配成溶液,沿着船体与冰面的接缝处浇进去,就能够起到润滑的作用。不合理性在于,偌大的船体如果要靠融冰剂脱离冰面,那得需要多少融冰剂?

在大家讨论的同时,孙博士发现脚下的甲板正在倾斜,这是"雪龙"号摆脱冰面纠缠的常规措施之一:开动水泵把压舱水从一侧水舱泵入到另一侧,这样倒腾几次,利用侧向摇摆破坏冰面。又过了十几分钟,有人喊道:"船体动了!"打开舱门朝外望去,冰面正在朝船头方向移动,沿着当初进入时形成的冰上通道向外"倒车"。"雪龙"号"倒车"成功,大家一阵欢呼。我们脑洞大开想出来的主意已经没有机会去验证,可以回去睡觉了。

我登上顶层甲板,目睹"雪龙"号"倒车"至冰上通道与浮冰区的结合部,短暂停顿后开足马力,在冰面和浮冰之间划出一道漂亮的弧线。我们成功脱离了卸货作业区,朝安全水域驶去。

"雪龙"号是条英雄船,执行极地科考和补给任务已经有30多次了,今天的机动作业只是"小菜一碟"。前年也是在附近海域,"雪龙"号为营救俄罗斯破冰船闯入浮冰区,在为对方提供补给后自己也被困住,在与浮冰周旋一周后,找到浮冰薄弱处撞开冰面脱困成功。它在北极也有类似的经历,每一次都是靠自身力量化险为夷。它的破冰能力虽有限,但极地海域航行经验却是一流的。

刚刚离开的那条冰面通道,是十几天前"雪龙"号为卸货从沿岸冰障中开辟出来的,冰层厚度足有1.5m。"雪龙"号经过多次冲撞,船身稳稳当当地固定在冰面上,为的是卸货更安全,这个过程叫冰上固定。"雪龙"号不仅是科考船,也是为极地科考站提供物资的补给船。当我们在冰上停留十几天不动弹时,可别以为我们被卡住了,那是在执行物资转运工作。

"雪龙"号已经完成第一阶段为中山站、内陆科考队提供物资的任务,即将开始下一阶段的航程。

撤离冰海

驶离中山站

2016-12-12

月上中山(气象员赵勇 摄)

"雪龙"号就要离开中山站了,大家都在为此忙碌着。离开这里可不是"拉一声汽笛就开路"那么简单。岸上那一帮兄弟姐妹们对"雪龙"号依依不舍,这里曾经是他们的大本营,今后也是他们的依靠。"雪龙"号3个月后还要再次经过这里,并卸载他们所需要的后续物资。船上的人对中山站,还有岸上工作的人也非常留恋。有人说,在船上共事1个月,胜过岸上交往几年,此话一点都不假。两周前我第一次从中山站回来时,大家问的都是中山站如何,对站上的印象如何。可两天前我再次从中山站回来,大家感兴趣的话题却转移到和我们一起航渡到此,然后告别"雪龙"号入住中山站的同事上来。这种关怀就像共事多年的朋友久违后见面的感觉,事实上他们上岸才10天。最经典的提问包括:

"见到'小萝卜'了吗?"回答:"见到了。"

"代我们问候她了吗?"回答:"问候了。"

"怎么问候的啊?"回答:"你好像瘦了。"

"她怎么说啊?"回答:"没什么,我减肥呢。"

"她真的瘦了吗?"提这个问题的人一脸关切和认真。

"鬼才知道她是不是真瘦了,你们见到美女不都是这么问候的吗?"我的神答复让大家愣了好一阵,然后是众人的哄堂大笑。这年头,瘦、苗条、漂亮三者之间画上了等号。我的见面问候语还挺时髦的,和这帮八〇后、九〇后在一起,我一点都不"out"。

中山晚霞(赵勇站长　摄)

"小萝卜"陆蓉跟我们在一起的时候像一颗开心果,她离去后,大洋队办公室的确冷清了不少,也难怪这么多人关心和想念她。

"雪龙"号告别中山站是件大事,自然马虎不得,得隆重一些才是。按照中国人的习惯,首先得为此"搓一顿"。大洋队抽调了人力去厨房帮厨,为的是给大家准备一顿丰盛的晚宴。告别晚宴在"雪龙"号和中山站同步进行,但主题不同。"雪龙"号上晚宴的主角是汤站长和19名中国第32次南极科考中山站越冬队员,完成了中山站的交接仪式后他们就撤回到"雪龙"号上,晚宴让他们感受到了回家的感觉。汤站长在领队讲话后发表了简短、感人的讲话。我只记得一句,"大家看我们像是得了'南极越冬综合征'吗?""没有……"大家齐声高喊,然后一起举杯给汤站长他们敬酒。随后讲话的是直升机队的曹队长,卸货期间他们几乎创造了奇迹,只要不下雪,他们每天从8时至23时都在飞行,数百吨的物资、数百人次的往返全靠他们直升机组完成,领队和大家对他们都心存感激。

晚饭后我们来到驾驶台,向中山站进行正式的道别。那边的聚会主题是欢迎新队员进站,也给内陆队挺进昆仑站壮行。我们依次给中山站鼓劲、加油。中山站、内陆队大多数队员是孙领队的部下,他们依次互道珍重,似乎有说不完的话。轮到赵勇站长说话:"叶队好,你们今天飞过来40人,我招待得可好?"听语气就知道赵勇今天高兴,今天参观中山站的只有24人是大洋队队员,其他人是船员和综合队员。"谢谢赵站长款待,大家很满意。"我回答。这是实话,队员回来后都告诉我中山站接待非常热情周到。"叶队不简单,这把年纪还站在掏箱第一线,转运这么多物资,真是难为你们了。"这是内陆队的魏队长,他将带领队员去昆仑站进行夏季科考。在茫茫冰原上跋涉上千千米,那路途艰险可不亚于当年唐僧师徒去西天取经。和他们相比,掏箱流些汗水真的算不了什么,不掏箱我也要去跑步机上锻炼。而且参加掏箱作业的不仅有大洋队,还有船员、综合队和内陆队,我们只不过做了一些分内的事情。在这个大集体中大家都用非常赞许的眼光看待我们,领导也在很多场合给予表扬和鼓励,我们感动之余也有些惶恐。

轮到综合办秘书讲话,她是公认的大美女,小伙子们还背地里选她为"雪龙"号的船花。只见她面对中山站的方向,表达了一番温馨、感人的问候,高频电话的那一端突然从喧闹转为宁静。能让这帮酒酣耳热的汉子们瞬间安静下来,可见这番问候具有多大的感染力。被那边推出来致答谢词的人听上去有些语带哽咽,不知是这位小伙子被大家拉来"速配"慌了神,还是不忍看到"雪龙"号的离去。

启程的时间到了,在长汽笛声中,我们向中山站方向挥手致意,尽管他们此刻看不见我们。"雪龙"号又踏上了新的征程。

南极洲和南大洋是令人向往的地方,也是一个不缺少故事的地方。这个航次下来,我可能要改行当作家了。

收放潜标

2016-12-13

投放橡皮艇（兰圣伟 摄）

　　潜标的全称是"锚碇式定点长期观测潜标"，它的最下部是一个混凝土重块，上面连接了声学释放器，释放器以上有长达数百米，甚至数千米的缆绳，上面挂载着各种水下观测仪器和样品采集装置。缆绳的中部和顶部有浮球，为整个系统提供浮力，使它在海底保持直立状态。潜标上搭载的多普勒流速计（以下简称ADCP），温度、盐度、深度仪（以下简称CTD）和沉积物捕获器能在海底驻留1~2年，能提供所在地连续海底水文观测数据并采集不同时间段的悬浮颗粒沉积物。

一套潜标根据挂载设备的不同，价值在数十万元至上百万元人民币之间。

离开中山站后，我们的第一项任务是要在普里兹湾海域回收去年布放的两套潜标，再布放一套新潜标。收放潜标是难度系数很高的工作。要布放的潜标缆绳长达数百米，上面还挂着各类观测、采样设备，要把它们有序投放至海底指定位置，需要多人配合，这对大洋队的组织协调能力是一个考验。回收潜标有些像大海捞针，它在海底的位置是一个经纬度坐标，我们要根据这个坐标找到它，使它浮出海面，再把它拉上甲板。

到达第一个回收点是23时30分，虽然是阴天，但能见度和白天差别不大。这一片海域被称为冰间湖，因为周边陆地的地形因素，当地的优势风向是从陆地吹往外海，因此浮冰被风吹散了。没有浮冰、能见度良好是作业的有利因素。回收人员先用声学通信装置试图和潜标进行通信联络，但尝试了一次又一次，始终收不到海底潜标的应答信号。

出现这种情况的最大可能是潜标被路过的冰山带走了。中山站附近的埃默里冰架是附近海域的冰山之源，从冰川上断裂下来的大冰块就是我们所说的冰山。普里兹湾地处埃默里冰架的下风方向，每年都有冰山路过这里进入南大洋。这一带潜标回收率低被认为与路过这里的冰山较多有关。作业组一直使用声学通信装置呼唤潜标，坚持尝试直至设定的作业结束期限，我们最终带着遗憾离开了这个作业点。但这并不意味着我们失去了这套潜标。作业组还会根据当时的释放记录，分析是否存在其他的可能性，比如潜标的设计点位和实际入水位置存在误差，目前唤不醒的潜标等我们3个月后再次路过时能够被唤醒。无论如何，我们下次回到中山站时会再次尝试。

在新潜标投放作业点，我们显得格外谨慎，排除任何可能的人为错误,首先进行设备检验,以确保所有挂载设备处于能正常工作的状态,电源处于定时开启的状态,所有的连接部位都确认连接可靠。潜标的缆绳连同挂载的设备,经过一排队员的双手被缓缓送入海中,随着最后的重块入水,大家也松了一口气。我们目送潜标顶部浮球被拉入水中,确认与潜标的声学通信正常,并用声学定位、GPS定位两种方式确定、记录了潜标在水下的位置。

新潜标的布放宣告圆满成功。此时已经是4时许,大家回去抓紧时间休息,预计到达下一个作业点的时间是6小时后。几名队员穿着全套作业服装,在办公室的椅子上就睡着了。毕竟比他们年长了一代,回到房间我先洗漱换装,躺在床上却无法入睡,因为此时已经到了我往日的起床时间。躺了一会,腹中的响声告诉我早饭时间到了。办公室中几名队员仍在椅子上酣睡,我不忍心叫醒他们,独自去食堂用了早餐。在即将到达作业点时,我叫醒了队员们,去了驾驶台。

这里是浮冰区,海面上漂浮着大小不等的冰块,如果潜标上浮后被冰块盖住,我们就无法判断它的具体位置。在浮冰区回收潜标充满风险。"雪龙"号到达预定位置后,关闭了船载水声装置。没过几分钟,对讲机中传来了尾甲板作业队员兴奋的声音,收到潜标应答信号,下降到某深度。潜标还在,但决定是否回收还是费了一番周折。"雪龙"号绕着潜标行驶一周后,经过声学定位,判断潜标正好处在浮冰区的天窗部位,作业组果断决定执行回收。释放信号发出后,他们报告潜标正在上浮,距离越来越近。几分钟后船长在驾驶台上第一个看到了海面上的红色浮球,这就是我们的潜标。真悬,它离大片浮冰距离只有百余米。

剩下的事情毫无悬念,"雪龙"号放下橡皮艇,浮球由橡皮艇拖到船舷旁,队员们排成一排,把400多米长的缆绳连同挂载的设备合力拉上甲板,其中较重的部分分两次使用了吊车。回收完成后,紧接着是CTD作业。全部工作完成后已经是14时，有些队员还没有吃早餐和中餐。随行的新华社荣启涵记者（以下称荣儿）像大姐一样，给年轻队员们泡好了姜茶，还从食堂打来了饭菜。事实上这位美女记者是个九〇后，在大洋队中只能算是小妹。大家一边喝着姜茶，一边打趣说，走了一个"小萝卜"，又来了一个荣记者，我们真是幸运。更有人邀请荣儿加入我们大洋队，好让我们今后多一些回忆。在"雪龙"号上，有美女的地方就会有故事。"我是来写你们的故事，而不是让你们编进故事的。"荣儿回应道。这年头写故事的被写进故事可是常有的事，更何况他们的队长可是一个高产的业余作家，每天都能写出几千字的日记，每一篇都是引人入胜的故事。被写进故事里的角色，现在可都是"雪龙"号上的名人，甚至还名扬海外。

这是我们作为大洋科考队员的一天。据说在进入南极半岛作业区后，我们的每一天都会和今天一样，将面临连续十几天的紧张作业，队员们的体力、耐力和毅力都将面临严峻的考验。

收获潜标（兰圣伟　摄）

备战南极半岛作业区

2016-12-19

我们仍在中山站前往长城站的航渡途中,再过几天就要到达南极半岛作业区。这个作业区是本次南大洋科考任务的重点,工作也最密集。据初步测算,作业累计航线1400多海里,需要连续工作11~12天。

随着作业区的临近,准备工作也在紧锣密鼓地进行。为了争取更好的工作条件,保证这关键性作业区工作能一切顺利,备战期间突出了以下要点。

第一是"哀兵"必胜。在领队举行的作业准备会上,我半开玩笑地告诉领队,我只是一个发型师,我的队员大部分都是八〇后、九〇后。领队听了眉毛打了好几个结。不知是悲情战略奏效,还是领队事先就有安排,他宣布了一系列保障和扶持措施,包括人力保障,不抽调大洋队队员做辅助性工作,要求"雪龙"号各部门全力配合,食堂要24小时提供餐饮服务,吩咐新老船长配合我们做航线规划。作为领队,他已经安排得很周全了,再要做不好就只能怪我们自己了。

第二是方案周密。原先的方案是按专业分头写的,为了更具有可操作性,必须将各方案整合在一起,按照站点、航线重新梳理一遍。上船前大家天南海北,沟通不易,现在都在一条船上,同心协力做出一个实施方案自然容易。经过反复磋商,几次全体会议讨论,领导们点评修改,作业实施方案顺利出炉。

协调一个大家制定的合理可行的方案是我的长处,恐怕也是我唯一能做到的。掏箱卸货我可以站在第一线,那是个纯体力活,只当是锻炼，没想到竟赢得满堂喝彩。甲板作业可是技术活，要把我放在任何一个具体岗位上，我都不如这帮八〇后、九〇后。老眼昏花、腿脚不灵，在具体作业岗位上我恐怕会"拖后腿"，连累大家。

第三是突出要点。首先要确定的是航线怎么走，按照船长的要求整理出一张表，至于船何时到达何位置，停留多长时间就交给他了。船长和领队给出的反馈是：冰情和天气都在不断变化，如果需要调整，他们会召集会商，也需要现场执行人和不在船上的课题负责人事先多沟通，要有可供选择的备用方案。

确定作业顺序也非常重要。每个作业点都有七八项内容，先后顺序很有讲究，达成共识后也做成一张表，附上几点说明发给作业组长们。磷虾拖网从站点作业改为走航作业，放在了首位。理由很简单：磷虾不会在固定站点等我们，只能是走航途中在鱼探仪上看见磷虾信号后再下网。磷虾专家李灵智老师赶忙做出承诺，到达长城站后他会联系附近的中国渔船，送些磷虾让大家尝尝。言外之意是，渔船捕捞上来的磷虾能吃，但他网里的磷虾是研究样本，不能吃。

第四是安全第一。我不断地告诉大家，作业期间领队派出的安全督导员在时刻巡视，如果有人因违反安全规定被终止作业，后果自负，我无能为力。这可不是恐吓，"雪龙"号的安全措施素以严格著称，安全问题上不能有任何侥幸心理，一时疏忽就可能酿成千古遗憾。领队指派的安全督导员曹建军大家都叫他曹头，年纪大我一岁，权力当然也更大——他有权停止任何人的作业，只要他认为安全措施没有到位。

备战工作也算是尽心尽力了，能否完成预定任务还有一个因素不在我们的掌控之中，那就是天气。大洋科考是个看天吃饭的行当，人算不如天算。只期待作业期间不要有气旋。如果老天帮忙，队长和他的八〇后、九〇后队员们或许能创造奇迹，那就是我们南极半岛作业会像当年诺曼底登陆的结果一样，圆满完成预期目标。

气象保障室

2016-12-21

大洋科考是个看天吃饭的活,气象条件对航行安全和作业安全具有重大影响,因此气象保障室是"雪龙"号的重要部门之一。

掌管气象保障室的是国家海洋局东海分局的周晓英老师,还有国家海洋环境预报中心的宋毅。周老师是资深气象专家,小宋是中国科学院大气物理研究所毕业的博士。第一次见到他们是在"雪龙"号备航期间。极地办公室组织专家对备航情况进行检查,我作为用户专家,加入了这个专家组。当我们走进气象保障室时,两位正在调试仪器。没能看到这台仪器的正常运行,我要求他们在验收意见上写下一句话:××设备在维护检修状态,预计起航前能够投入正常使用;如果

会商天气变化趋势(右一为宋毅,左二为周晓英)(荣启涵 摄)

该仪器不能正常使用,将使用备用装置完成气象保障工作。可能是当时气氛过于严肃,此后我每次走进气象保障室,两位都拿我当检查组的专家看待,这多少让我有些尴尬。事实上"雪龙"号的气象保障工作相当出色。今年首过西风带,也就是从澳大利亚的弗里曼特尔港至中山站的航渡,虽然很多人晕船,但是那些有过多次极地科考经历的人普遍认为今年的穿越是最顺利的,航程节省了两天,而且船的摇摆次数明显少于往年。驾驶台与气象保障室的密切配合是重要原因。

常去气象保障室的都是"雪龙"号的重要人物。首先是领队。在中山站卸货期间,他几乎每天要去气象保障室,每次开会也都邀请气象专家参加,目的是要抓住所有能够飞行的天气,把几百吨物资送上中山站。气象保障室在卸货期间的表现也得到了领队的夸奖。船长也是气象保障室的常客,航渡期间几乎每天定期去气象保障室会商。如何避开气旋、避开冰区是他们会商的核心内容。当然也有例外,比如这次,在遭遇强气旋时,"雪龙"号刻意降低航速驶入了浮冰区,利用浮冰的消浪效应规避涌浪。

南极半岛作业实在太重要,备战期间我也开始与气象保障室的队友们交朋友。首先把船上发的茶叶捐献出去,因为我上船后只喝白开水。气象保障室不仅是会商天气和航线的地方,除了每天数次提供预报外,工作之余常有人在这里喝茶聊天。发的茶叶不够,自带的茶叶也所剩不多,看到我捐献的茶叶,宋毅喜出望外。这几天我也和他一起体验了日常气象观测的工作之一——放飞探空气球。气象保障室在前部顶层甲板上,观测室在尾部,距离不过百十米,但并不好走。今天气旋初到,强风携带着雪粒打得脸上生疼,眼睛也有些睁不开。甲板上有些积雪,一步一滑,必须戴着手套扶着栏杆才不至于滑倒。真不知道他在穿越西风带时是怎么走这段路的。时间一长,气象保障室终于接受我是个需要气象服务的顾客,而不是检查工作的专家。

"雪龙"啊,你慢些游 ——南极科学考察
科普丛书之"南极探秘"

气象员和同事们在放探空气球

目前的中期预报让我松了一口气,今明两天我们在冰区躲风浪,后天到达作业区开始作业。我们需要抓紧时间,先完成靠近西风带的作业点的任务。27日会有新的气旋靠近,但影响位置偏北。预计在整个作业阶段,气象条件会相对有利。

今夜风雪弥漫

2016-12-22

气旋如期而至。午饭后风力开始加大,从6～7级增加到8～9级,甲板上也开始有积雪。偶尔走出舱门体验片刻,风卷雪花吹得人站立不稳,眼睛也很难睁开。

回到气象保障室,看到天气预报的计算机屏幕上已经标出了我们今后两周全部作业点的位置,在驾驶台的导航屏幕上也是一样。这都验证了领队在工作例会上说的,在南极半岛作业期间,大洋队是主角,"雪龙"号各部门全力配合我们的作业。

下午大洋队召集了全体会议,这是作业开始前最后一次准备会,也是一次战前动员会。虽然我并非第一次出海,但以往的出海经验对这次作业参考意义不大。以前经历过的出海任务较为单一,在中太平洋海域主要是针对海山区富钴结壳的调查采样,在南海是针对天然气水合物的勘查和研究。这次南大洋科考几乎涵盖了海洋科学的主要领域,而且人员来自国内许多不同单位,组织协调的难度可想而知。我的心情有些像舱外的暴风雪,迷茫、忐忑和不安。

在全体会议上,我把整合后的作业计划再次向大家详细讲解,各作业面的具体内容也逐一落实到人,作业顺序和协调细节全部梳理一遍,最后希望大家明确自己在这个计划中的位置,希望各项工作能如同计划安排的那样有序开展。

目前"雪龙"号在较为接近作业区的浮冰中避浪。尽管风雪交加,但是海面上并没有波涛汹涌,浮冰的消浪作用非常明显。等待气旋过后,"雪龙"号将于24日下午到达作业区开始科考作业。根据中期预报,27日、30日还有两次气旋活动,但位置偏北且强度较弱,对我们的科考作业影响不大。今后两周我们将一鼓作气完成南极半岛作业区的全部科考任务,然后前往长城站休整。

我的担心和不安可能是多余的,队员们虽然年轻,但是其中不少是经历过风浪的。希望未来两周我们会一切顺利!

风雪中的"雪龙"号

南极半岛海域科考作业开始了

2016-12-24

CTD与采水器作业(荣启涵 摄)

"雪龙"号的气象预报似乎精确到了小时。12月23日18时至24日18时气象预报如下，天气：阴有阵雪转多云；能见度：3~13km；风向：东南风，明天上午转偏南风；风力：7~8级，明天中午减小到6~7级；涌浪：3.0~3.5m，明天下午减小到2.5~3.0m。

"雪龙"号这些天一直周旋在气旋和浮冰区之间。天气好时离浮冰远些，可以提高航速；气旋来了就进入浮冰区。在这里任凭狂风呼啸，海面波涛不惊，即便是在暴风雪最强时，"雪龙"号上也没有人晕船。

从昨夜起"雪龙"号减速航行,为的是选择最佳时机离开浮冰区并到达作业区。24日上午,"雪龙"号开始提速并很快驶离了浮冰区,我们比预定时间稍早,在晚饭前到达了第一个作业点。南极半岛科考作业正式开始。

这里不像诺曼底登陆作战的过程那么惊心动魄,但有一点是相同的,那就是全部环节和场景都按预先制订的周密计划进行,时间几乎精确到了分钟。

最先进行的是南极磷虾拖网作业。快到作业点时,现场负责人指着渔探仪上的信号说,4个频道只有1个有回波,信号可能来自其他海洋生物,也可能是背景杂波。为了验证这个判断,也为了积累渔探仪信号解释的经验,我们呼叫驾驶台减速,放下了拖网。半小时后,网收上来了,同时也验证了此前的判断:并不缺少浮游动物,但磷虾很少。在一旁等待拍照的荣儿有些失望,但现场负责人兴致不减,收好样品

箱式取样器作业(荣启涵 摄)

后写下了满满一页纸的作业记录和心得。其中一部分今后可能会以论文的形式和大家见面,那就是:南极磷虾在××型号渔探仪上的回波特征及反射机理研究。

拖网出水后,现场负责人立即通知中部甲板进行后续作业:CTD和采水器作业,还有近表层浮游生物采样作业。作业过程似乎比预想的要顺利,我们在后部甲板监控屏幕上看到了CTD入水到出水的全过程。采水器旁几名队员在分配水样。最辛苦的是这些承担水样分析工作的队员,作业期间要保证全部水样尽快分析,每天只有很少的睡眠时间。如果"小萝卜"还在船上的话,她可能会累得只想哭。因为"小诸葛"和其他的男队员此刻都自顾不暇,根本就没有时间去帮她,"小萝卜"只能自己照顾自己了。

后甲板的第二项作业是箱式取样器作业。我一直站在绞车操作队员的身后,目睹了取样器将要触底时减速,直到触底时绞车张力的变化。稍待片刻后取样器被提起。当我们在甲板上打开取样器盖子后,结果有些出乎意料——取样器中空空如也,而且干干净净,就像下水前一样。在一个角落里,有一枚几厘米大小的砾石静静地躺在那里。我吩咐队员拍照描述,然后询问现场执行人是否需要这个样品。他们的目的是要获得底泥和生物,对石头自然不感兴趣。

我如获至宝般把这枚砾石收入囊中。它是我们在南极半岛作业区第一个箱式采样器作业成功的见证:它证明了取样器的确触底了,并获得了样品,尽管只有一枚小砾石。这枚在生物学家眼里算不上样品的小砾石,在地质学家看来却是一个大故事,因为它的来历可不一般。作业区远离江河入海口,它不可能是由流水搬运到这里的。它和它的家族原本居住在南极大陆,是大陆冰盖把它从母岩上剥离下来,随冰盖一起来到威德尔海滨;当冰盖断裂时,形成的冰山裹挟着这些砾石在海风和洋流的推动下开始旅行,到达纬度较低的海域时冰山逐渐融化，砾石也先后坠入海底。这砾石来自上千千米之外的南极大陆，"乘坐"冰山而来，学名叫冰筏海洋相沉积。它还告诉我们，它目前居住的海底并不宁静，强劲的海流已经把软泥、细沙冲到别处，能够坚守在原地的只有这些砾石。

在第一作业点完成全部作业后，"雪龙"号又驶向了下一个作业点。

南极半岛海域科考作业第一天

2016-12-25

从昨天傍晚到达作业区,过去了整整一天。这一天紧张忙碌且井然有序,各项作业都在按照预定计划进行。

一整天的作业下来,让大家感到困惑的是磷虾去哪了。昨晚的第一网仅有几只磷虾,最大的一只在大家手里传递了一圈。让大家见识一下,这个身长几厘米通体红色的小东西就是世界上最大的哺乳动物鲸鱼的主食。一头成年鲸鱼一天要吞吃上吨重的磷虾,据说在南极大陆周边海域有上万头鲸鱼,可以大致推算一下需要有多少磷虾才能养活它们! 还有数量庞大的企鹅和海豹,它们的主食也是磷虾。长得膘肥体壮的企鹅和海豹告诉我们,这里并不缺少磷虾。据初步估算,南极磷虾的数量非常庞大,足够为全世界人民提供优质蛋白质。这些红色的精灵,目前在哪里? 难道在和我们捉迷藏?

今天早上,气象保障室的周老师兴奋地告诉大家,有一小群鲸鱼出现在附近。我们登上甲板,看到有3头鲸鱼在"雪龙"号附近活动。它们聚集在一起,时而出现在左舷,时而在右舷,不时跃出水面并喷出高大的水

捕获的磷虾(王永强 摄)

柱。看上去是鲸鱼爸妈带着它们的未成年孩子在嬉戏。有鲸鱼就应该有磷虾,李灵智老师当即决定,把稍后的磷虾拖网作业提前一些进行。经过短暂准备后,我们做了第二次磷虾拖网,结果和昨

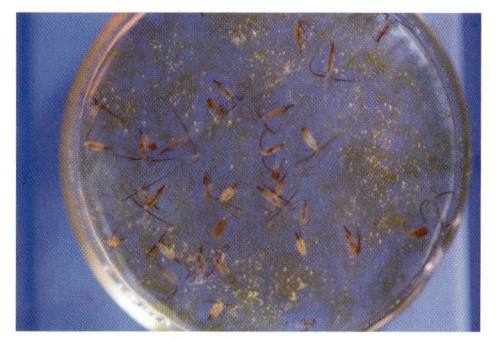

浮游生物(王永强 摄)

晚差不多,除了海樽类之外,只有几只磷虾,看来鲸鱼一家只是路过这里。我们分析了作业区的海底地形和洋流,初步认为磷虾群最有可能出现在作业区的东南侧,我们目前在西北侧,因此我们会在几天后遇到磷虾群。根据这样的判断,我们对磷虾拖网作业点的位置做了适当的调整。

  第二个困惑是如何获取海底沉积物和底栖生物样品。昨晚第一次箱式取样,只获得了一个一元硬币大小的砾石。昨晚还做了一次底栖生物拖网作业,我下班前刻意叮嘱他们,网上来的石头都不要扔掉,全留在甲板上。早上问他们战果如何,被告知没有石头,只有两条鱼。网中的两个"倒霉蛋"明显不属于底栖生物,显然,我们的采样工作存在需要改进的地方。第一项改进是吩咐队员,今后箱式取样落底前不要减速,保持全速。减速落底适用于淤泥底质,而南极半岛海域海底主要为硬底,取样器要全速落底才有可能获得样品。第二项改进是在底栖生物取样器两侧各配置了一个铅块。目前使用的取样器适合于3000～5000t级的科考船,干舷低且航速能减慢到2节;而"雪龙"号是20 000t级的极地运输船,干舷高且航速不能低于3节,只有加铅块后拖网才能全速落底。

没有困惑的是物理海洋组,他们一整天都很兴奋。作业区的海底地形和洋流都很复杂,而且前人对这一海域研究较少,正是他们大显身手获取新成果的好机会。

作业区的第一条断面在西风带范围内,这里的气旋一个接着一个。在我们昨日进入作业区时一个气旋刚离开,今天后半夜另一个气旋又将到来。目前风力已经加大,但气象保障室告诉我们,涌浪会有几小时的滞后,后半夜才会出现影响作业的大涌浪。为此我们对原先的计划做了小改动,把第一断面余下的生物拖网作业延后至其他生物量更丰富的断面进行,抢在气旋影响到来之前,完成第一断面的物理海洋作业。

我们的第一天作业可以总结为喜忧参半,小幅调整。最大的收获是,我们将在西风带海域获得一条较为完整的观察断面。

首战告捷

2016-12-26

今天我照例起了个大早,先去各实验室转了一圈,发现这里的黎明静悄悄,没有遇到一个人。在现场作业指挥室的电子大屏幕上,航线记录和作业记录表明,2时许,队员们完成了这条断面最后一个点的作业。在化学实验室,几台分析仪器处在自动运行状态,进样器上排满了待分析的水样。看来他们也是刚离开不久。

昨日(含今日凌晨),我们完成了首条断面的全部观测任务,比预定计划提前了8~9小时。这点时间在往常可能算不了什么,但对于天气、冰情多变的南大洋科考作业,提前这段时间的难度不亚于进行一场战役。首条断面深入西风带约500km,如果不能赶在气旋影响之前完成观测,它的科学意义就要大打折扣。我们一整天都在和气旋赛跑。

到达作业区后,气象保障室每天都把一份24小时预报放在我的办公桌上。昨日上午收到的预报是:风力傍晚开始增强,8时左右达到7~8级,但涌浪到来会滞后几小

生物拖网作业(兰圣伟 摄)

时,15时后不适合作业。这是我们完成整个断面的截止时间,否则就要放弃1~2个观测点。

应对恶劣天气、涌浪的对策之一是将这条断面上的生物拖网作业暂停,移到下一条断面进行。海洋生物组的弟兄们此时正在为作业犯愁,体积庞大的生物拖网抗风浪能力实在是不给力,如果冒险作业不仅存在操作困难,还有可能会损坏甚至丢失网具。既然队长建议暂缓,他们也顺势表示同意。物理海洋组的弟兄们当然高兴,他们作为重点保障的对象实至名归。这一提议得到了众人的一致支持。这帮弟兄的表现也没有让我们失望,手脚比以往麻利了许多。节省的9小时,有6小时是海洋生物组让出来的,还有3小时是弟兄们抢出来的。

22时做了最后一次会商,因为最后一个作业点正处在气旋中心位置,就是我们经常说的台风眼。经气象保障室、船长和现场指挥商议后认为,气旋中心风力不大,以"雪龙"号的抗风浪能力开进去没问题,等到了作业点再做决定。2时许,"雪龙"号到达最后一个作业点,风力的确不大,但涌浪很高。为确保安全,我们没有做常规CTD,而是投放了一具抛弃式温盐深仪(XCTD)作为替代措施,加上船载设备的观测记录,获得了该点在气旋中心经过条件下的水文和气象数据。

首日作业成功的另一标志是没有出现任何争执。第一原因可能是人格魅力,主持水样分配的是自然资源部第二海洋研究所的张海峰,是个帅气公道的八〇后,承担分析测试工作的美女们都不愿太难为他,表现得都很谦让。第二原因是技术进步,新设备需要的水样体积减少,争吵自然也就避免了。

"雪龙"号正在向第二条断面进发,将在傍晚时分到达,预报说气旋已过,海况良好。

气旋和浮冰

2016-12-29

气旋和浮冰是南大洋科考作业两个永恒的话题，上至领队、船长，下到普通科考队员，都无时无刻不在关注、讨论这两个话题。自进入南极半岛作业区以来，气象保障室和预报中心的人每天都会把最新的气象资料和冰情图送到我的办公室。

在气象方面，我们在作业开始后的第二天、第三天遭遇了一个气旋中心，也经受了一次考验。第一条断面深入西风带500km，我们24日下午踩着前一个气旋的尾巴进入作业区，24小时后，第二个气旋又开始影响作业区。西风带气旋活动频繁是"家常便饭"。在科考队、"雪龙"号和气象保障室三方密切协调下，我们没有终止作业，也没有改变航向，而是迎着气旋中心的方向继续航行，并完成了首条断面的作业。

在气旋活动区的作业看似有些冒险，其实一切都在掌控之中。以目前的气象保障技术，作业区何时起风、何时上浪，短期预报已经精确到了小时。根据船舶的抗风浪能力，在何种气象、海况条件下能进行何种作业也都有规范，只要按照规范作业，就不至于出现不可控制的局面。可以说我们在第一条断面与气旋的周旋，依赖的是精确的实时气象保障技术，与驾驶台的密切沟通及配合。

应对冰情可有些不一样。"雪龙"号没有自己的高精度冰情观测手段，每天的冰情图都是国内发来的，收到的浮冰分布图至少是24小时之前的情况，而且浮冰在不断运动。我们昨夜完成了第二条断面作业，一路上气象和海况条件良好，和预报完全一致。

"雪龙"号从昨夜开始向第三条断面航渡，预计这条断面的最初几个作业点在浮冰区内。如何应对浮冰，我在下班前和现场指挥商

"雪龙"号航行在浮冰区

定了基本对策，并给驾驶台提供了书面建议：按预定航线行进，在预定站点附近找到浮冰中的天窗（又叫水塘）进行作业。

冰区作业看似波澜不惊，其实也有潜在的危险。大块浮冰对"雪龙"号不算什么，航行中船头传来的轰隆响声就是"雪龙"号在浮冰区破冰前进的脚步声。当然驾驶台要加强瞭望，注意区分浮冰和夹杂在浮冰中的冰山。如果撞上冰山后果不堪设想，泰坦尼克号就是先例。

浮冰在"雪龙"号面前不堪一击，但对投放到水下的科考仪器，以及吊挂仪器的钢缆却是致命杀手。保障浮冰区作业安全就是要确保钢缆和仪器不要撞上浮冰。我们在第一作业点附近，只找到了一片不大的水塘，目测了浮冰的运移速度，估算出我们只有不到2小时的作业时间，于是抓紧投放设备，在浮冰接近钢缆前设备出水，完成观测。在第二作业点，水塘面积较大，而且浮冰运移慢，我们从容完成了全水深的观测作业。

前面两个观测点的成功，似乎也形成了浮冰区作业的基本模式：航线不变，点位微调，把握时机，随机应变。按照这个模式，我们的冰区作业一定会顺利完成。

作业过半

2016-12-30

南极半岛作业区的5条断面我们已经完成了3条,任务已经完成过半。

从12月24日开始到现在,过去了整整一周时间,其中大约有不到24小时是断面间的长航渡,可以回去睡个安稳觉,其他时间只能趁作业间隙稍稍打个盹。各种各样的睡姿都能见到。有人歪在椅子上耷拉着脑袋进入梦乡,也有人伏在桌上发出鼾声。尾甲板操作间那一堆木箱上更是放松一下的好地方,头枕安全帽,裹着企鹅服,既舒服又暖和。为了高效率地利用好作业点之间2~3小时的航程,睡觉问题只能就近解决,因为走回房间卸装睡觉,到达作业点再着装上班,时间上很不划算。看着最心疼的睡姿是在餐厅里,自然资源部第二海洋研究所的"美眉"打来饭菜,美味佳肴摆在眼前居然一动没动。对面的帅哥做出各种滑稽的鬼脸,想唤醒她吃饭,她却一点反应都没有,居然坐在餐桌边睡着了。过了大概半小时,帅哥不得已狠心摇醒了她,不是叫她吃饭,而是叫她去干活,因为又到作业点了!

这就是我们在南极半岛作业期间的生活,到了作业点干活,离开作业点抓紧一切机会小憩片刻。有人半开玩笑地对在实验室中帮忙的荣儿说:"你这么卖力,不如叫叶老师给你一个第二学历。""我智商不够。"荣儿谦虚地回答说。"干我们这行不需要高智商,但是需要好体质。"这是真话,在以往的极地科考航次中,曾经有女队员在领队面前哭鼻子,说是累得眼睛都睁不开了。好在我们到目前为止还没有人累哭。

作业间隙(聂森艳 摄)

  这些天最潇洒的大概是我这个队长。盯牢尾甲板作业面,在重装备出水时上前搭一把手,这就是我在作业开始后的工作。这里的作业工具可都是大家伙,把底栖拖网、多联网、箱式取样器拽上甲板颇费力气,加上船在摇晃,得需要几个人合作才行。22时过后我就哈欠连天,毕竟年纪不饶人。在年轻队员的劝说下,嘱咐一通后我也就下班休息去了。尾甲板的这几名队员都有好几次极地科考经历,他们的现场作业经历可以让人放心。

  最得意的应该是物理海洋组。现场指挥部设在他们的办公室,两名轮值的指挥都是物理海洋组的。每当出现意外天气和海况,我们都是优先保障物理海洋组的作业。从事海洋工作的都明白,水文资料是整个海洋科学的核心,对这样的安排没有人提出异议。物理海洋组的表现也让人信服和放心。继第一条断面抢在两个气旋之间完成全部作业之后,第二条和第三条断面作业也都十分顺利,这离不开得当的指挥。特别是第三条断面,冰情比预报的要严重得多,船舶碾压浮冰发出的轰鸣声几乎就没有停止过。两位现场指挥,一人在驾驶台瞭望,另一人守在电话机旁,硬是在预定航线范围内,在大片浮冰中找到一个个小水塘,投放了观测仪器和采水器,实现了预定目标。

最忙碌、最辛苦的应该是海洋化学组和海洋生物组。采水器一拉上甲板,围上去取水样的就是他们。他们必须在第一时间按预先商定的数量获取属于自己的那份水样,谁都不敢迟到、缺席,唯恐错过机会,得不到样品。他们最常提的问题是:"水样何时上来?"拿到样品之后,必须在规定时间内完成样品的前处理或现场分析,否则海水中微生物、浮游生物的代谢就会改变水样的成分,数据也就失去了时效性和真实性。放弃睡眠、错过吃饭时间对他们来说已属常态。实验室中整箱的麦片、牛奶、饼干还有方便面主要是为他们准备的。

最揪心的是研究浮游生物和底栖生物的课题组。他们的采样技术还是传统的拖网和箱式取样器。在风暴来临时,他们需要给物理海洋组让路,说是发扬风格,实则是无奈之举。在冰区,物理海洋组在小水塘中可以作业,大型拖网则不行,因为浮冰是钢缆杀手。浮冰切钢缆据说如同我们用菜刀切黄瓜。另一个困扰他们的问题是作业区复杂的地形、底质和底流。在底流强劲的南极半岛,箱式取样器常常一无所获,因为海底都是砂砾组成的硬底。拖网在底流强劲的海域会跳跃式运动,而不是滑动。今天上午好不容易来到了底流较弱的较浅海域,收上来的底栖网被划开了好几个大口子。我指着附近几座突出海面上千米的海山岛对他们说,这些都是火山,附近的海底都是火山爆发形成的大块砾石。附近海域划破网具将是常态,好在他们准备了一整箱拖网。在破损的网具上还挂着不少底栖生物,也算是有收获。如果说大洋科考是看天吃饭,海洋生物作业不仅要看天、看海,还要看海底地质。真为他们捏了一把汗!

盘点作业过半的行程,一切顺利,一切照计划进行,但结果却是几家欢乐几家愁。

感恩之心迎元旦

2017-01-01

新年霞光（兰圣伟 摄）

2017年元旦的早晨，我起了一个大早，面对着南大洋的日出，面对这并不多见的好天气，怀着无比感恩的心情。自从2016年12月24日开始南极半岛科考作业以来，除了在第一条断面遭遇气旋中心的考验外，作业区一直受高气压控制，几乎都是风平浪静。大洋队正在享受着大自然的关爱，也承蒙着幸运女神的眷顾。

在南极半岛、南大洋进行极地研究和科考，天气的影响格外重要。1911年挪威探险家阿蒙森和英国海军军官斯科特进行了冲刺南极点的竞争。阿蒙森于1911年10月19日从前进基地出发，一路上都是好天气，他用了不到2个月的时间于1911年12月14日成功到达南极点。而斯科特出发时间比阿蒙森早2个月，到达南极点却晚了34天。固执己见的性格、不合时宜的装备，还有一路上如影相随的暴风雪天气是斯科特悲惨遭遇的三大主因，也成为了后世科考探险者的警训。

天道酬勤，大自然对辛勤付出的人们从来都不吝啬。在辞旧迎新的这一天，我收到的新年礼物可不一般。第一份新年礼物来自后甲板的海洋生物拖网。昨日早晨我像往常一样在各个作业点巡视，海洋生物组一改以往的习惯，不等询问就主动报告他们昨夜的战果，组长指着甲板上一堆石头说："那是我们昨晚拖上来的，遵照队长的吩咐，都保留在这里。"

把这堆石头称为新年第一礼物一点都不过分，首先他们的拖网没有被划破，而且收获颇丰。展现给我的只是他们不需要的那一部分。据说十几条鳕鱼、二十几尾手掌般长的阿根廷红虾，还有许多珍贵的底栖生物已经在冰箱中作为样品被珍藏。没有被列为样品的石头中可能有我需要的宝贝。在地质学家的慧眼中，这堆石头立刻被分成了两类：火山角砾和冰川漂砾。这里离最近的火山岛已经有几十千米，在强烈

来自海底的冰川漂砾（兰圣伟 摄）

的爆发中碗大的角砾被抛射到几十千米之外,这类砾石并不珍贵。有两块砾石吸引了我的目光,它们形态浑圆,和因火山爆发而碎裂的角砾状岩石完全不同,它们是来自南极大陆的冰川漂砾。虽然目前南极冰山已经较少到达这里,但在几万年前的末次盛冰期,这里曾是冰山出没之地。我拿起了其中的一块砾石,光滑浑圆的外表是它长途跋涉的印证,其中一面留有隐约可见的擦痕,说明这块砾石曾经背负着巨厚冰川的压力。冰川缓慢运移过程中和基岩的摩擦在这块砾石上留下了一道道擦痕。这块冰川漂砾的表面还附着有南大洋的底栖生物。浑圆的形状,冰川擦痕,底栖生物,向我们诉说着它不平凡的身世:源自南极大陆,曾经负载过数千米厚的冰川,沿途历尽磨难,失去了往日的棱角,留下的是与基岩亲密接触的印记;它曾经乘坐冰筏漂洋过海,跋涉千里后坠入南大洋海底,沉睡数千年后得遇一群来自中国的海洋学家使它重见天日。我当然不能错过这难得的宝物,立刻把这几千克重、几十厘米大小的砾石抱回房间。它将被陈列在浙江大学海洋学院的陈列室中,标签上将写着:来自南极大陆的冰川漂砾,中国第33次南极科考大洋队2016年12月31日收获于南极半岛海域。

我又选了两块较小的砾石,这是袁卓立博士要的。其中一块是一朵貌美如花的海底珊瑚依附在海底火山岩上,看上去多么像一对夫妻。另一块是一丛珊瑚植根于一块基岩上。那岩石象征着男子汉的担当,那一丛珊瑚或许就是他肩负的家庭责任。这题材的砾石送给袁博士珍藏最适合不过了。

昨日的磷虾拖网也格外顺利。下网前就有成群的海鸟跟随在船尾,不是在伴飞,而是浮游在海面,不仅有信天翁和海鸥,还有成群的企鹅。预感到这一网下去可能会有好收获,我一直等到起网的那一刻。打开网袋,抖入托盘中的是满满一盘磷虾,足有2kg。此前虽然有一网获得3.5kg的纪录,可是并不纯净,磷虾和其他浮游类各占一半,而且个体大小不一。眼前这一网磷虾,不仅纯净,而且都是体长3cm以上的大虾,算得上是一个不错的收获。李灵智老师准备的样品容器是3个小饭盒,塞满后盘中的磷虾还有一多半。此时他显得格外大方,"弟兄们尝尝,这磷虾的味道好极了!"经不住这诱惑,在场的每个人都品尝了三五只,味道的确不错。几年前,这位李灵智老师在科考后接受记者采访时发表的一通感言,被媒体添油加醋整理出来了一篇题为《南极磷虾即将走上国人餐桌》的文章。据说这篇短文曾引起全世界的恐慌,中国人要吃磷虾了,那鲸鱼和企鹅吃啥?都怪那粗心的记者没说清楚,中国南方人的主食是大米,北方人的主食是馒头,无论是南方人还是北方人都爱吃蔬菜,偶尔吃些磷虾只不过是尝鲜开胃而已。面对外媒的大惊小怪,李灵智老师风趣地说:"可以让鲸鱼和企鹅换换口味,让它们去吃海藻。"

根据眼前这盘磷虾和这些天的收获,直觉告诉我海底地形对磷虾

味道好极了,弟兄们尝尝

的分布有一定的影响。作业区中部的DA断面对应着一条海底隆起，在它的北侧收获的主要是海樽类，而南侧磷虾产量较高。这条隆起带正对着鲍威尔海盆的部位是一条海底峡谷，水流湍急，磷虾也较少。海底隆起南坡对南极底流的抬升作用，导致富含营养盐的深层海水能够到达海面，它所养育的硅藻等浮游生物是磷虾的食物。海底地形—抬升作用—涌升流—营养盐—浮游藻类—磷虾—大型鱼类，构成了一个因果关系的链条，这种推理和思维方式，是我作为地质学家能发表一些关于海洋生物见解的依据，但愿它能够成立。

　　新年伊始，在南大洋迎来的第一缕阳光，或许能给我们大洋队余下的作业带来好运。对我们已经承蒙的多方关爱和支持心怀感激，这不是语言所能表达的。

驶往长城站

2017-01-03

夕阳映照下的长城站(王权 摄)

提前驶往长城站是个临时决定,原因当然是好天气。昨天中午领队找到我,用商量的口气说:"哥们能否借两个好天气给长城站补给卸货用用?"

大洋队的运气实在是太好了,除第一断面出现过和气旋抢时间的场面之外,此后一直都是好天气。在"雪龙"号历年来的南大洋科考航次中,科考作业连续10天都是好天气是非常罕见的,气象预报说就连今后两天也都是好天气,但过后的天气又是一个接一个的气旋。领队和几位副领队半开玩笑地说,好天气都给你们大洋队用完了。这就是孙波领队和我们商量借两个好天气给长城站补给的原因。

经过连续10天的作业,队员们都很疲劳,物理海洋组情况好一些,他们人多势众,还可以轮班休息;海洋化学和海洋生物组无法倒班,只能在短暂的航渡和作业间隙打个盹。根据孙波领队的建议,我们今天下午完成第五断面最后一个点的作业,然后直接驶往长城站执行物资补给任务。剩下的6个作业点都在长城站附近,当风浪大到小艇卸货无法进行时,"雪龙"号再开出锚地,进行科考作业。

这其实是一种双赢的安排。大洋队经过连续作业迫切需要休整,毕竟只干活不吃饭,队员们体力严重透支。队员们的状况我太了解了,不需要去征求意见,也不需要解释,我立即向领队表示,我们服从领导的安排和决定,我会把这个安排转告大家。孙波领队面带笑容说:"叶队长说话干脆。"

因为浮冰太多无法做底栖生物拖网作业,今天13时许最后一个点的作业提前2小时结束,"雪龙"号也开始了前往长城站的航程,预计明天(4号)早上或上午到达。

在长城站卸货分配给我们的任务其实很少,因为队员疲劳,随船回国的中山站越冬队承担了一半的工作,剩下的那一半也有船员配合。我们在集装箱起吊和装上小艇时伸出手去扶一把,只需要小心安全即可,不需要耗费体力。下午的动员会上,大洋队员出席率不高,有的在处理水样,有的在睡觉。会前领队就说过,大洋队该干啥干啥,长城站卸货我们不是主角,甚至连配角都是次要的。

"雪龙"号前往长城站,一路上都伴随着碾压、撞击浮冰发出的轰鸣声,直到4时左右,才进入无冰水域。

等待我们的是几天的休息,不知道是否还会有灵感写出大家愿意多看几眼的日记。

长城站啊,想说爱你不容易

2017-01-05

使用"黄河"艇、长江驳运送物资(荣启涵 摄)

这两天"雪龙"号停泊在距离长城站直线距离只有2km的锚地,我们用小艇和驳子作为摆渡,把"雪龙"号为长城站运来的补给物资运上岸,再把长城站堆积多年的建筑垃圾和废弃物资回运至"雪龙"号,之后运回国内处理。

这里的物资转运不像中山站卸货那样兴师动众,都是机械化作业。打开"雪龙"号中部船舱的舱盖,先从巨大的货舱内吊出"黄河"艇。它其实是一艘小拖船,个头不大但力气不小。将"黄河"艇轻轻放在海面上,然后又从货仓里吊出了一个长方形的驳子,这是承载货物的载体。卸货时先把装满货物的集装箱安放在驳子上,将"黄河"艇的一侧与驳子连接在一起,以侧推的方式将驳子送至长城站码头。接近码头后再改用顶推方式,把运载货物的驳子送上码头,系好缆绳后码头上的起重机把货物集装箱吊运到岸上的运输车辆上,然后再把需要回运的集装箱吊上驳子,由"黄河"艇运回"雪龙"号。

几百吨物资要上岸,另有几百吨物资要往回运,初步估算需要5天时间。但执行过程遇到的困难有些超出预期。首先是潮水的干扰,"黄河"艇和驳子的吃水虽然浅,但长城站的码头水深也浅,而且航道下面还有暗礁。退潮时装有货物的驳子容易搁浅在码头,需要等到再次涨潮时才能移动。等待几小时属于常态。

天气变化带来的麻烦也不小。长城站的纬度处于南纬62°,靠近西风带,而且紧邻着德雷克海峡。这里气候变化无常,天气变化尺度以小时计算。也就是说,好天气和坏天气通常只能持续几小时,而不是几天。某国科考站曾经有科考队员出海作业突遇大风,小艇无法返回,艇上的队员就近靠岸避风。岸上不远处就是巴西人修建的避难屋,按理他们已经脱离危险,但站里的队员对这两位队友的处境不放心,派出小艇去救援。结果是救援艇翻沉,艇上两人不幸遇难。这件事让该国站长内疚不已。

虽然长城站与"雪龙"号距离不过2km,但卸货和回运作业在潮位、天气干扰下时断时续,低潮时要防止触礁和搁浅,风大时要担心小艇的抗风浪能力。如此小心翼翼,是因为这里的海水温度接近冰点,人若落水不到10分钟就会失去知觉,几乎来不及救援。"黄河"艇把运载货物的驳子送到长城站后,如果风浪加大就会在长城站码头避风。卸货期间随艇队员留宿长城站是家常便饭。

在未来几天,我们都要和潮位、天气玩"跷跷板",只能在高潮位、风力较小时进行作业。这就是南极,这就是长城站。

物资回运

2017-01-10

昨日利用卸货和物资转运的间隙,科考队和"雪龙"号安排大家上长城站参观。听说长城站附近有数不清的海豹、企鹅,还能顺带参观智利站和俄罗斯站,大家热情很高。因为物资回运尚未结束,我带着一位队员王俊健留在"雪龙"号上协助,其他人随徐副领队上岸参观。

所谓物资回运,就是把长城站堆积的废旧物资和建筑垃圾用小艇和驳子运到"雪龙"号上,我们能搭上手的就是抛缆和带缆,也就是在驳子靠近"雪龙"号时把缆绳抛出去,下面的人接到缆绳固定好,我们在船上再把缆绳系好。按照水手长的习惯,他会在驳子快到"雪龙"号时用对讲机呼叫我们,驳子开走后我们再回到舱内休息。但从下午到晚上,小艇和驳子跑了近10个来回,水手长一次都没有主动呼叫我们。对他的关照我只能心领,每当在监控屏幕上看到他和船员们出现在甲板上,我也立刻招呼王俊健一起去作业。

看着这些回运的物资,心里有些像西风带的洋面,波涛汹涌,感慨万千。回运的物资可以分成3类。

第一类是废旧机械。最具代表性的是一架推土机,因为锈蚀严重无法使用,回到国内它的命运只能是作为废钢铁回炉。看到这被大卸八块后的推土机,有些为它的命运鸣不平,它可能还没有到设计的使用寿命。长城站所处位置地势较平坦,平整地基的工程量不大,这架推土机应该是锈坏了,而不是用坏了。南设得兰群岛天气阴冷潮湿,每年的阴雨日在300天以上,而且雾气中含盐高。据在这里有过一年驻站工作经历的汤站长介绍,1个月都没有晴天并不少见。中国北方虽然寒冷,但气候干燥;南方虽然有梅雨季节,但持续时间通常不超过2个月。无论是设计制造推土机的厂家,还是采购的用户事先对长城站的潮湿、多雨、盐雾环境都缺乏足够的认识。如果这推土机能做得轻巧些,卸除推土铲后还能当履带越野车使用,它在长城站肯定会有不同的命运;使用频率较高的机械锈蚀反而会慢一些,"流水不腐,户枢不蠹"说的就是这个道理。如果厂家能对用户进行使用培训,包括长期不用之前要做哪些保养、如何保养,或许它还能延长服务年限。

第二类是废旧建材。最具代表性的是所谓的彩钢板。它的两面是薄钢板,四边有钢铁框架作为承重,内部充填高分子发泡材料。无论是面板还是承重框架都锈迹斑斑,显然都不具有防锈功能。这样的建材在中国北方,尤其是干旱的西北地区或许能有20年使用寿命,但用在南设得兰群岛很快就表漆脱落,框架松散,并且不可修复。在亚南极环境建设永久性、全年使用的科考站应该使用什么样的建材似乎缺乏严格的论证。废旧建材中还有整袋的水泥,外貌上和出厂时无异,区别在于,出厂时袋子里是粉末,而运回去的却是受潮后板结的硬块。水泥的包装显然只适合干燥气候。这些不合时宜的材料和外包装严格来说都不属于质量问题,问题是厂商和用户都没有重视材料和环境的匹配性,也就是耐候性。

第三类是废旧集装箱,数目之大令人咋舌。长城站自1985年建成以来,每年都有数量不等的物资以集装箱运输的方式被运送到长城站,这些集装箱中的大多数都留在了长城站,多年累积的数量自然不少。这些集装箱从外观上不难看出充满年代感,早年的锈蚀严重,近期的还保留有完整的涂层。这些集装箱几乎占满了"雪龙"号为长城站预留的舱容,还有一些甚至不得不放在舱盖上。如果在装船前适当减容,比如把一些废旧金属和废管材用电锯或喷枪裁剪成适当长度装

"雪龙"啊,你慢些游 ——南极科学考察
科普丛书之"南极探秘"

"黄河"艇和长江驳在回运废旧物资途中(兰圣伟 摄)

入集装箱,应能节省不少容积。有些集装箱曾经被改造过用于临时性用途,这种改造或许是不必要的,集装箱在改造后锈蚀明显加快。还有的集装箱下部满是冰块,显然是落地放置的结果。无论是从防锈还是从便于移动的角度来看,极地、亚极地环境的集装箱都不应该落地放置,下部应该架空。对于一座常年、长期运行的科考站而言,集装箱的进出数量应该保持平衡,保持有合理数量的空箱或许有利于应对意外急需,但过多的累积会造成环境隐患和浪费。

目睹这些废旧物资被转运回国,可以说是喜忧参半。喜的是我们国家的远距离保障能力和投送能力已经跻身世界强国之列,长城站、中山站、昆仑站等南极科考站的建设就是例证。忧的是我们长远规划的周密性和严谨性还需要加强。在陌生环境下建设一座长期、常年运

59

行的科考站，设计、论证、使用、维护等各环节，也就是全寿命周期的各环节都应该纳入考虑，世界上一些发达国家有许多先进经验可供我们学习和借鉴。在科考站的人员配备上，科学家和技术工匠型人才要有适当比例。科考站需同时配备站长和首席科学家，并且他们应各司其职。

随着我们的极地科考事业转入常态化，我们科考站的建设水平和管理能力也将会与日俱增，科考站的运行与维护也将会更加合理与完善。

天道酬勤

2017-01-11

南极半岛作业区主体部分的科考作业告一段落后,大洋队各作业组在盘点收获时都喜形于色,认为已经超额完成预定作业任务,唯有自然资源部第三海洋研究所的黄丁勇作业组愁眉不展。他们研究的是底栖生物,使用的箱式取样器和底栖拖网受天气和海况影响很大。当我们在第一断面遭遇气旋时,最先停止作业的是他们。在此后的几个断面,他们也努力进行了补充作业,但效果并不理想。箱式取样器经常性出现两种情况:动作正常但没有样品,或者是触发失灵,取样器没有闭合;底栖拖网情况更糟,经常出现网口上卡着巨大的砾石,拖网被划烂,只能把网袋上挂着的底栖生物作为样品收集。他们对自己的作业结果并不满意,虽然付出不少,但收获不如预期,因此他们认为自己没有完成任务。

如果仅从研究底栖生物的角度来看,黄丁勇他们的作业结果或许不尽如人意,但从海洋科学角度来看,他们的发现仍然具有科学价值。比如说,箱式取样器在深海没有获得底栖生物样品,充分证明这里的海底是由砂砾组成的硬质底。硬质底在深海并不常见,但在南极半岛和威德尔海北部非常普遍。如果进一步问,洋盆常见的硅质软泥和钙质软泥去哪了,答案只能是:它们被底层洋流冲走了。这是基于我们作业结果得出的看法,但是和物理海洋组目前的见解并不一致。中国海洋大学组孙永明博士对这一海域的研究文献非常熟悉,前人认为威德尔海洋盆的底层海水形成后在洋盆中心汇集,没有形成规模性底流。我们应该相信自己看到的事实,还是相信前人基于模式的认识?底栖生物组作业发现的事实有可能会推翻文献的现有观点,他们自己或许还没有认识到这点。此外,卡在生物拖网网口并拉上甲板的大砾石来历可不平凡,它们中的大多数是冰川漂砾,其中有些还带有明显的冰川擦痕,识货的博物馆都会愿意收藏这些地质珍品。

不忍心看到其他小组欢天喜地,而其中一个小组面带愁容,我还是要积极为他们安排作业机会。

昨晚队务会临时决定,利用不适合小艇、直升机作业的坏天气进行大洋科考作业。会议结束时已经是20时,我又召开了大洋队的紧急会议,进行了布置。好在队员们已经有前一阶段的作业经验,对如何进行都心中有数。经过短暂的准备,大家很快各就各位。此前也知道给我们的时间天气不好,但没有想到"不好"这个形容词不够准确。天气和海况似乎想让我们领教一下南大洋的威风,前面10天它表现得过于仁慈。

到达作业区已经是11日的后半夜,底栖生物组冒着七八级的风浪完成了两个站点的作业。箱式取样器依旧未能获得样品,底栖拖网

盘点收获(荣启涵 摄)

也有破损。好在划口不大,在网袋的底部有数量可观的底栖生物,组长的脸上露出了难得的笑容。

"雪龙"号到达第三个作业点已是12日早晨,风速已经增强到25m/s,海面上白浪滔滔,20 000t级的"雪龙"号漂移速度达到3.7节,已经不具备作业条件。在驾驶台召集了简短的会商,气象保障室指出东面风浪更强,而西面风力较弱,而且由于乔治王岛的屏蔽效应,涌浪也弱。征询各方意见后,决定放弃东面计划内的作业点,在西面增设相应数量的作业点。"雪龙"号驶往乔治王岛背风面,风浪果然小了很多。

底栖生物组在这几个新增设的作业点获得了丰收,其中一网的收获超过了此前10天拖网作业的总收获量。看着他们整理样品,我在一旁问:"有新东西吗?"黄丁勇指着盘子中排列整齐的底栖生物说:"这几样我们没见过,也不认识。"他虽然年纪不大,但也具有多次参加大洋科考的经历,他不认识的东西自然价值不菲。

底栖生物组的作业不仅提供了我们对南极半岛海域底质、底流提出新见解的依据,在他们自己的学科范围也获得了不错的收成,有道是"天道酬勤"。

安全啊安全

2017-01-26

像"雪龙"号这样的大型科考船,依靠自身的续航能力,以及短暂的靠港补给,在茫茫大洋上进行持续数月甚至半年的科考航行,设备安全、人员安全的重要性自不待言。科考队员和船员们也都是血肉之躯,要在相对封闭、狭小的空间长时间维持精力旺盛、心理健康的状态也绝非易事。出现一些常态下不常见的失误也在情理之中,"南极越冬综合征"并非极地越冬科考的专属,它在一定程度上给极地科考船造成了困扰。如何在严格的管理和活跃的气氛中达到恰如其分的平衡,无时不在考验管理者们的智慧和能力。

昨日众人在甲板观看鲸鱼义务表演后,"雪龙"号就经历了一次这样的考验。我像往常一样在气象保障室一面喝茶一面聊着天气。直升机组机长神色严峻地走了进来说:"有人进入了机库,并且进入了驾驶舱。"机库和飞行甲板在尾甲板作业面上方,当时大洋队的部分队员在进行采样作业,他自然想到这件事可能和这些队员有关,所以先找

冰山和"海豚"号(刘健 摄)

到我。机长对直升机的安全格外上心,每天要进行例行3次的安全检查,中午一切正常,但在傍晚发现机舱门把手异样,舱内的飞行记录本也挪了位置,显然有人进入过机舱。这把机长惊出了一身冷汗,座舱内有太多的开关、按钮,如果进入者有意或无意触碰过这些,对航行安全将是潜在的威胁。

首先需要立即查明事情的经过和性质。领队召集可能出现在后甲板的队员们开会,说明了事态的严重性,以及对飞行安全可能造成的危害,并对擅入者提出了严肃的批评。领队离开后,我把队员留下。在凝重的气氛中,有3位队员先后举起了手,表示是他们进入了驾驶舱。看着他们一脸羞愧,显然已经认识到了错误。"你们应该先认错,说明经过,再检讨。"我把这几人带到领队、分管副领队面前。领队说:"你们主动承认错误态度是好的,要写出书面检讨,还要配合直升机组,做好安全评估和善后工作。"我主动表示:"我也要检讨,要承担管理责任。"

涉事队员做了错事检讨是必须的,但的确也暴露了我们在安全教育上存在盲区和疏忽。以往的安全教育侧重了3个方面:第一是人身安全,如何在恶劣环境下保障自身安全,包括适当的着装和行为准则;第二是作业安全,如何正确操作科考设备和甲板设施,防止因误操作导致设备故障和损坏;第三是应急预案,包括不同状况的信号识别和应对方案、逃生路线与集合地点等,但没有刻意提及昨日下午的情况,不要触碰和工作无关的重要装备。几位队员进入座舱只是想拍照留念,没想到触犯了安全规定。机库门上的确贴有"闲人免进"的字条,但在风大浪高时常有人进去避风,只要不触碰飞机也不会有人去追究。事后门上的字条还在,但机身上增加了更为醒目的标识:禁止触摸。

或许有人会问,机库那么重要为何不上锁?出于消防和应急救援考虑,"雪龙"号几乎所有的门都不上锁。为了提供避险及活动空间,像驾驶台这样重要的位置也都是开放式的。避免触及不熟悉的部件在日常生活中属于常识,但在封闭、狭窄空间和特殊环境下,一些人在好奇心驱使下在不知不觉中忽视了安全常识,这就是问题所在。

作为亡羊补牢的事后教育,从这几位队员进入机库,到打开机舱门拍照,直至最后离开的全过程视频录像被播放,当然他们的容貌做了模糊处理。然后直升机机长解释了他们为何如此介意这件事,从专业角度解释了有意或无意触碰到控制台上开关、按钮后果的严重性。领队也对当事队员和他们的直接领导,也就是本队长提出了不指名批评,然后表示,事情已经过去,希望大家吸取教训,振作精神,做好剩下的工作。他也强调批评和教育是对事不对人。从事件发生到结束,没有超过24小时。善后过程杜绝了连带性安全事故,批评和教育也起到了警示效果。

在队内的安全教育会议上,队长、作业组长、3位队员先后做了检讨。我特别解释了做检讨的原因,在"雪龙"号这样的特殊环境中,工作和生活没有严格的界限;类似的事件虽然没有影响到当事人的安全,但的确给他人的工作甚至安全造成了重大隐患。如果造成了严重后果,不仅当事人,他所在部门以及直接领导都会被追究责任,问责机制决定了重大过失会连累一群人。之所以没有产生严重后果,是因为机长的责任心起到了关键性的作用。任何与安全有关的失误影响面都是难以估量的。作为队长,也作为长辈,我告诫大家今后不仅在"雪龙"号上,包括在其他任何场合,都要避免触碰和本职工作、生活必需无关的陌生物品。

战争期间有种炸弹叫诱饵炸弹,日常社会有种行为叫引诱诈骗,驱使人们上钩、上当的就是好奇心和趋利心。"好奇害死猫",也会害死人。

教训是深刻的,年轻朋友们要引以为戒。

备战罗斯海

2017-01-29

"雪龙"号预计今晚至明天凌晨到达罗斯海作业区,只剩下不到10小时航程,现在才说备战,也就是作业准备,是不是太迟了?上次在进入南极半岛作业前一周,我就开始张罗忙备战,讨论作业计划和动员开了3次全体会议,弄得全队上下和我一样精神紧张。这次的罗斯海和上次的南极半岛有何不同?让我如此心定神安的原因是什么?

第一是作业内容不一样。在南极半岛,每一个站位都有七八项作业内容,中甲板和尾甲板两个作业面交替进行,有些队员要在两个作业面干不同的活,还涉及多家单位的人员。组织协调很不容易,稍有不慎就会出现混乱,导致出现安全事故的可能性不小。而在罗斯海,作业内容相对单一,地质采样和地球物理勘查两项任务在时间和空间上都不重叠,每个具体位置只有一项作业,制订计划的工作也就大大简化。

第二是作业强度不同。南极半岛计划连续作业12天,实际上持续了10天。因为作业内容多,很多岗位无法安排轮班,队员的耐力和毅力面临严峻考验,队长同样面临压力,要保持对各作业点的巡视,不敢大意。罗斯海地质作业时间持续3天,地球物理作业连续2天,可以安排人力轮班作业。人在体力上不至于太疲劳,失误的概率自然降低。

最重要的一点是,在南极半岛那些项目负责人都放心派年轻人上场,由一个发型师带着一帮八〇后、九〇后上阵干活,他们自己在万里之外忙于其他的工作。这次在罗斯海，地质项目负责人陈志华亲临一线，地球物理组的杨春国虽然是项目的第二负责人，但经验也相当丰富，有多次极地工作经验。由项目负责人在一线指挥，人力上给予保障和协助，其他事务也就不必我过多干预了。

天气和海况也是有利因素。作业区都位于南纬74°以南，已经远离了西风带，即便有气旋，风浪也不至于太大，预计天气和海况不会造成作业中断。

当然，在罗斯海作业也会遇到一些困难。首先是在高纬度海域作业，来自南极内陆的下降风会很快带走人体的热量，尽管海面气温不会太低，但需要更加注意防风、防寒，对着装的要求和检查不能马虎。此外，地质组年轻、首次出海的队员比例较高，操作甲板装备的经验不足，前几个作业站点需要格外注意安全巡视。地球物理组装备复杂且涉及高压空气，安全隐患较多，需要事先做好设备安装、调试和检查。

"雪龙"与"冰龙"（妙星　摄）

作业开始后内有高压气体的管路和设备要拉警戒线,防止误触碰造成事故。

至于地质组能否从海底获得样品,主要取决于海底沉积物的性质,一方面要看运气,另一方面也要看陈志华他们事先对海底地形的研究是否到位,资料精度是否足够高。

罗斯海,我们来了。期待它能慷慨一些,让我们的收获更丰盛一些。

亮点与难点

2017-01-30

从昨晚开始,我们已经在沿着陈志华老师设计的断面进行罗斯海科考作业。这条断面紧贴着罗斯冰架从东向西穿越罗斯海,它是迄今为止中国南大洋科考纬度最高、最贴近罗斯冰架的断面。尽管陈老师的初衷是海洋地质调查,但这条断面的科学意义和亮点从一开始实施就被同事们肯定。

首先是自然资源部第二海洋研究所的张海峰提出,要沿这条断面进行硅藻、放射虫等冷水型浮游生物的调查,浮游生物取样在中甲板作业面开展,和尾甲板的地质作业同步进行,不需要增加船时。在不增加船时的前提下获得更多的资料和成果,何乐而不为?经过初步尝试,获得的浮游生物非常丰富,可能与罗斯冰架从南极大陆带来丰富的营养组分有关。

然后物理海洋组提出了类似的建议,要沿这条断面进行CTD观测,理由是罗斯冰架外侧的水团结构、锋面移动对于认识冰架融化、海冰相互作用意义重大,同时他们也能做到不增加船时。经过协商后决定:中甲板浮游生物调查和CTD观测交替进行,他们共同承诺不增加船时,不干扰尾甲板的地质采样作业。

到今天中午,孙波领队指出,这条断面上的观测点,将打破中国南大洋科考综合观测最高纬度纪录。"雪龙"号以往的南极科考因避风进入过南纬77.5°左右的高纬度海域,但今年我们是主动设置了深入南

抵近罗斯冰障

纬78°以南的海域,进行了完整断面的科考观测作业。大洋队的工作将因此载入史册。"雪龙"号船长对此也感到兴奋,他作为船长很高兴和我们共享打破南极科考船综合作业最高纬度纪录的荣誉。直升机机长也摩拳擦掌,从这个位置起飞往南进行选址作业,他的飞行也将打破直升机作业最高纬度纪录。

一条海洋地质断面,经过同事们的补充完善,通过领队的提高,将成为我们这次南大洋科考的亮点之一。这条断面的实施,将会丰富我们对南极高纬度海域海洋生物、海洋地质、海洋动力等方面的认识。

亮点和意义有目共睹,但要完成这条断面还面临许多困难,要付出更多的艰苦努力。从昨天后半夜开始作业以来,罗斯海风雪交加,六七级以上的风卷着雪粒扑面而来,在甲板上作业脸很快就从生疼变为麻木。伴随风雪而来的是严寒和降温,最低气温一度下降到-10℃以下。顶风冒雪在毫无遮挡的甲板上操作绞车可不容易,寒风沿着领口、袖口直往里钻,迅速带走体内那点可怜巴巴的热量,每隔半小时至一小时就要换一次班。取样器快要触底时,陈志华会站在绞车手的位置上。判断触底是个细致活,丝毫不敢大意,任凭风吹雪打,眼皮都不敢多眨一下,当操纵盘上的张力瞬间降低,那就是取样器触底的信号,然后是一连串的应对操作。这可不是新手能干的活。

在风雪严寒中更要小心防止意外伤害。甲板上的积雪虽然不厚,但格外湿滑,到处都是钢铁装备尖锐的棱角,意外滑倒造成的附带伤害可不是摔倒了再爬起来那么简单。我提早来到第一个作业点,打开海水龙头冲洗作业面的甲板。此后每到一个作业点,大家也都照葫芦画瓢,先把甲板上的积雪冲洗干净,防止作业时滑倒摔伤、撞伤。

困扰陈志华作业组的另一难题是复杂的底质。尽管他们做了周密的准备,结合海底地形精心设计了站位,但仍然要面对取样成功率不高的问题。经过不断尝试,在更换了另一型号的箱式取样器后,总算获得了可以接受的成功率。

针对罗斯海冰架外缘的综合科考观测正在进行中,它的亮点不仅仅是打破一项项纪录,这次科考的综合成果本身或许是更大的亮点,我们对此充满期待。

见证历史时刻的人们

2017-01-31

罗斯海今天的天气格外好,一改昨日的风雪弥漫,睁开眼睛就看见舷窗外格外灿烂的阳光。洗漱后我就去了驾驶台,看见船长朱兵在指挥"雪龙"号航行,旁边是二副和三副。我意识到今天的航线非同凡响,因为这3个人很少同时出现在驾驶岗位上。"雪龙"号正沿着罗斯福岛旁侧的冰间通道向南东方向行驶,这里既没有航线,也没有海图,"雪龙"号此时的航迹画出了一条处女航线。现场有人建议就叫它朱兵航线。

在电子海图上,"雪龙"号此时所处的位置不是代表海洋的白色区域,而是代表陆地和冰架的橘黄色区域。往年这里的确是冰架,但此刻原本完整的罗斯冰架开了一个大豁口。有一大块冰从冰架上裂开,化作了冰山,被来自南极大陆的下降风吹走。我们昨日在航行途中曾遇到过一块硕大的平顶冰山,面积足有 $3000 km^2$,不知是否来自眼前的这个豁口。

早饭后驾驶台的人多了起来,早餐归来的二副给船长递去一包饼干。对船长来说,打破人类航海史上到

"雪龙"号到达最南纬度(荣启涵 摄)

达地球最南纬度纪录显然比早饭更重要。"雪龙"号此刻已经越过了南纬78°30′，但仍在向南东方向航行，纪录在不断被刷新中。处在右舷的罗斯冰架近在咫尺，在数十米高的冰上长城后，可以看到低缓的冰穹，似乎是被冰架覆盖的陆地。孙波领队告诉我们附近有一片陆地叫罗斯福岛，但还在前面一些，眼前冰穹之下是否有陆地留待后人去考证吧。视线中和雷达屏幕上看到的冰架豁口的尽头还在20海里外，回声仪显示的深度是600多米。"雪龙"号降低了航速，一面规避迎面而来的冰山和浮冰，一面缓缓前进。

伴随我们航行，并见证我们到来的是当地的海鸟和鲸鱼。罗斯海东侧的这片海域被称为鲸鱼湾，因为早期的航海探险家常在这里见到鲸鱼出没。从昨晚到今晨，"雪龙"号附近都有鲸鱼活动，可能是因为主机的轰鸣和螺旋桨的扰动，鲸鱼没有近距离表演它们的舞姿和特技。鲸鱼的背脊和喷出的水柱告诉我们，这片海域食物丰富。伴飞的海鸟寥寥无几，只有三五只海鸥不时掠过。鸟类较少可能与温度过低有关，此刻海面气温是－11℃，冰架上的气温更低。

驾驶台内两位随行记者一直在忙碌。记者兰圣伟在不停地拍照，同时也与大家交谈，显然他在构思着"雪龙"号今日航线的新闻。兰记者在"雪龙"号上表现低调但十分敬业，"雪龙"号上的重要事件，通过他的文字与图片不

大洋队在最南纬度进行作业（兰圣伟 摄）

断见诸报道或刊载在《极地之声》上，比如他撰写的国家科学技术部万钢部长视察"雪龙"号的新闻和图片，刊载在《中国海洋报》头版头条上。对于一些重要的新闻，他在发稿前常到我办公室咨询，工作态度相当严谨。荣儿、罗捷和党办的几位美女忙着在驾驶台左后侧玻璃上画上78°41′S的美术字，供大家拍照时作为背景。事实上"雪龙"号停在冰架前的纬度是南纬78°41′58″，写78°41′S好像是为明年再破纪录留些余地。

现场的人都很兴奋，大家一批批轮流在选定的位置拍照。最先拍照的是正、副领队们，还有船长、二副。船长和二副不知何时换了制服，显得容光焕发。我抽空与船长、领队合影，见证了这一历史时刻，也和大家分享了这打破纪录的荣耀。

略带遗憾的是直升机组，因为风力过大他们不能起飞，只要一起飞，在对面的冰架上降落一次，就会产生一项直升机到达最南纬度的纪录。不过他们明年还有机会。

最应该出现在驾驶台却没有出现的是陈志华，"雪龙"号今天打破纪录他是最大的功臣之一。正是沿着他设计的断面进行科考作业，"雪龙"号才得以抓住机遇向南突进到了当前位置。陈志华此刻正在尾甲板忙碌着，他在指挥队员们进行科考作业，他和队员们将在这里获得最南纬度的海底地质样品和观测数据。大洋队的队员们基本都在科考岗位上忙碌着。在最南纬度的观测站位，他们获得了柱状样品、箱式样品各一件，进行了浮游生物拖网作业，以及CTD、热流、磁力仪观测。在这里获得的样品和资料都具有特殊意义。

大洋队的队员们是"雪龙"号最南纬度科考任务的执行人，也是见证人。

"陈氏断面"历险记

`2017-02-02`

我们把罗斯海地质采样作业断面称为"陈氏断面",因为这条断面是陈志华提出并设计的。自1月30日凌晨开始沿该断面作业以来,已经整整3天过去了,陈志华和他的队员们只能利用站点间航渡时间小憩片刻,几乎都没有睡过一个囫囵觉。路上的美景不知他们是否还顾得上欣赏。昨日傍晚"雪龙"号路过罗斯岛,南极洲最高的活火山埃里伯斯,还有它的姊妹特罗尔历历在目。我也只是在驾驶台匆匆看了一眼,可能是相距较远,并没有看出火山顶部有烟尘。陈志华他们可能都无暇一睹这两姊妹的芳容,他们要么在埋头作业,要么在抓紧时间休息。

驶出冰海(荣启涵 摄)

除第一天遭遇风雪大浪外，后面的时间都是整日阳光明媚。因为这里的纬度高，又是南极的夏季，太阳24小时都在地平线以上，没有黑夜。风和日丽的天气，"雪龙"号的航速比往常快了不少，加上陈志华他们的大局意识，时刻想着为后面的作业争取时间，几乎每个站点都能提前一些，实际进度比计划快了不少。到22时，推算最后一个站点作业将在4小时后结束。此前收到的冰情预报是，最后一个站点位于浮冰区外侧边缘，应该不会有意外。处理完当天事务后，我就下班了。

我清晨在"雪龙"号的晃动和撞击声中醒来，时间是4时30分，按理说陈志华他们已经完成了最后站点的作业，"雪龙"号也离开了浮冰区，但撞击声和船体的剧烈晃动说明"雪龙"号分明还在冰区中航行。我立即起床草草洗漱完毕便上了驾驶台，值班的是二副罗捷。放眼望去，"雪龙"号四周都是浮冰，虽然这冰海是由一块块碎冰拼接而成的，但没有明显的间隙，电子海图显示离最后站点还有不到1海里。我拿起电话联系了在尾甲板准备作业的陈志华，提醒他冰情严重，是否能把站点移到目前位置提前作业；陈志华回答说，设计的站点位于海槽中心位置，目前位置在海槽的边部，而设计站点近在咫尺，"雪龙"号已经深入冰区，此时停船意义不大。

离开驾驶台，我来到了尾甲板作业区，队员们正在进行作业准备。尽管已经整整3天没有睡过好觉，但在冰海中作业都还是头一遭，队员们显得紧张且兴奋。"雪龙"号此前也驶入过冰区避风，在南极半岛也曾在浮冰区作业，但以往的浮冰区冰块密度一般都在60%左右，像眼前这样接近完全覆盖的浮冰区大家还是头一次遇见。趁队员们忙着拍照留念时，我观察了作业区附近的冰情，在大块的浮冰之间，还充填有刚冻结成的薄冰，即所谓的荷叶冰。南极此刻已是夏末秋初，要不了多久，眼前的碎冰就会拼接在一起，形成固定冰。好在"雪龙"号在这里不会久留。

　　放眼望去,阳光照耀着冰海,"雪龙"号沐浴在金色晨光中,四周一片宁静。没有飞鸟,没有企鹅,除了我们,未见有其他的生物,"雪龙"号显得孤独寂寞。这景象可以用"千山鸟飞绝,万径人踪灭"来形容。从身体到内心都感觉到丝丝寒意,但气温有-7℃,比前两天的最南纬度还高出了4℃。感觉上的寒冷显然与心态有关。

　　船停了,停得纹丝不动。队员们七手八脚把取样器搬出来,费了一些周折放进冰块间的小缝隙中去。十几分钟后取样器触底,水深和缆长几乎一致,这也是首次遇到。因为海风和洋流的影响,以往取样器入水后都有侧向漂移,缆长一般超过水深至少10%,在这最后一个作业点,船被固定在浮冰中,取样器入水后居然是直上直下。

　　取样顺利结束,获得了2m多长的沉积物柱状样品,但"雪龙"号的麻烦才刚开始。我回到了驾驶台,目睹了罗捷使出浑身解数,企图让"雪龙"号摆脱浮冰的纠缠。进入浮冰区时,"雪龙"号的行驶速度、庞大船体的巨大惯性使它对浮冰具有撞击的动能,因此具有破冰能力。在停船作业后,船从静止状态开始加速。浮冰虽然破碎,但厚度都在1.5m以上。减少了动能的"雪龙"号对周围的浮冰显得无可奈何,只能"倒车"一小段,再往前冲一下。罗捷操船的动作似乎也太过温柔,几番尝试后,她自言自语,看来倒车后只能直接用"满进六"。"是否可以寻原路退出去?"我问道。"船无法掉头,再说也没有原路,船一过,浮冰就填满了航道。"罗捷回答说。这就是固定冰和浮冰的区别,固定冰看似坚固,但开辟出的通道能保留一段时间;浮冰区却是进来容易出去难,时刻在移动的浮冰根本不懂得要为我们保留退路。

　　稍后王建忠副领队来到了驾驶台,看着眼前的景象,他不由自主地问道:"怎么会开进来?""我接班时已经进入了冰区5海里。"罗捷回答说。不太及时的预报,不断变化的冰情,加上一个执着的学者,"雪龙"号进入了本不该进入的密集浮冰区。空空的肚子告诉我饭点到了,我留在驾驶台于事无补,于是决定先去填饱肚子再说。

  早饭后我在物理海洋实验室的视频中继续关注着驾驶台,操船的人已经换成了船长,"雪龙"号依旧是退一进二,航向从北东逐步修改到北东东。到8时30分,船速提高到了3节以上,9时速度过了5节,已经具备了破冰的动能。10时,船头撞击浮冰的声音基本消失,意味着脱困成功。我再次上了驾驶台,首先对船长表示祝贺和感谢。眼前是一片开阔水域,密集浮冰区在我们左后不远处。"我昨天下班时,作业点位是在预报的浮冰区外围,如果在浮冰区内我会建议取消作业。"我向船长解释说。事后说明还是有必要的,为了一个站点的作业让"雪龙"号身陷险境实在有些后怕。今后应该避免这种情况的发生。

  在"陈氏断面"的最后一个站点,"雪龙"号短暂被困但有惊无险。此刻它正开足马力前进,下一个目标是难言岛。

南极妖姬——难言岛

2017-02-05

这里的地名英文叫Inexpressible Island,早期的南极探险家来到这里被它的美景震撼,认为难以用语言表达,因此给它起了这个名字。"雪龙"号来这里的目的之一是进行新站选址。中国很快要在这里建设新的南极站,或许是受了它美色的诱惑。

你可以先在谷歌地球上看看难言岛,它在南纬75°罗斯海的西岸,与横断山脉交会处。在冬季的谷歌影像上,罗斯海西岸、横断山脉前有一汪蓝色眼睛似的冰间湖,边上像翡翠般墨绿色的小岛就是难言岛。茫茫冰海上,深蓝色永不冻结的那汪碧水充满诱惑和神秘;当别处都银装素裹时,这里却是一片墨绿,从卫星影像上看去就够诱人的,走近看,那更加让人倾倒。横断山脉突兀在海面上,附近的墨尔本火山常常带着云雾面罩,群山都身披白纱,唯独这里的色彩与众不同。不光是山峰,就连山后的冰川,看上去也带有晶莹的蓝色,而不是

谷歌地球上的难言岛

白色。一天内的不同时段,山峰的颜色还会随着日照角度不同而变化,早晚山峰映照在极地霞光中,那色彩没到过极地的人想象不出;到过极地的人因语言贫乏又难以表达,这就是"南极妖姬"——难言岛。

把它称为"南极妖姬"是因为这"美人"一点都不温柔。岛上有早期南极探险者留下的遗迹,据说斯科特和他的同伴曾登岛考察,因天气突变无法撤离,不得已在岛上渡过了一个漫长的冬季,第二年才被接走,他们大概是靠捕食海豹和企鹅才活了下来。

仔细研究谷歌地球上的难言岛,隐约能看出它魅力外表下掩盖的萧瑟杀气。难言岛正对着横断山脉的缺口,南极大陆的冷空气通过这里朝海面扩散,形成了所谓的下降风。附近的冰川之所以呈现蓝色,是因为表面的积雪被吹扫干净,露出了冰面;岛上山峰的墨绿色也不是植被,而是岩石。它的真实一面是:风吹雪走见基岩,风扫雪净露冰面。

要在这里建科考站,先要摸清风力、风向,找到相对避风的位置。然后还要根据《南极条约》的要求,清点当地"土著居民",也就是企鹅和海豹的数量,提交令人信服的材料,证明我们的科考站不会给这些"土著居民"们带来负面影响。"雪龙"号的"海豚"直升机每天都要送队员上岛,数海豹、点企鹅,进行环境本底调查。早几年是把队员送上岛,他们带着帐篷和维持一周的生活必需品,几天后再把他们接回来。现在是早上直升机把他们送上去,晚上接回来。这说明我们的保障能力有所提升,大大提高了队员们的工作效率。

直升机起落对风力有严格的要求,机长对等待天气有些不耐烦,终于想出办法:让"雪龙"号驶入有高地屏障的避风处,起飞后再到岛上的背风面降落,途中虽然风大,但对飞行安全影响不大。话虽如此,如果风太大直升机还是要停飞。每当有队员上岛,我就在心中默默为他们祈祷。在大自然面前,人类显得那么渺小、那么脆弱。

当一部分队员上岛进行陆地环境调查时，另一部分队员也没闲着，我们在附近进行海洋环境调查。横断山脉前的罗斯海像难言岛一样神秘诱人。浙江舟山外面的东海，水深200m以内的大陆架宽度超过200km；而在难言岛前面6km外，水深已经超过400m。离岸不到30km，就有深达千米的海槽。这里有方圆数十千米的冰间湖，目前夏季气温高达－6℃，冬季可能降到－30～－20℃，滴水成冰不是神话，但这冰间湖依然不结冰。附近的冰舌、冰川源源不断地向海洋中输送冰山，我们在海上作业要时刻警惕这些不速之客，不然就会重蹈泰坦尼克号的覆辙。

3天过去了，大家基本上都是晚上（不是夜间）干活，白天睡觉。终于要离开这里了，我们都松了一口气，也有些不舍。不管这难言岛是妖姬还是女神，毕竟它的魅力把我们从万里之外吸引了过来。我们今后肯定还会再来，不过应该是我的同事，而不是我本人。我毕竟有些老了，这"艳福"还是留给年轻人吧。

阳光下的难言岛（荣启涵　摄）

有惊无险难言岛

2017-02-06

相聚难言岛(兰圣伟 摄)

昨夜接回上岛队员的过程充满曲折。上午天气还不错,直升机组运送领队一行完成了对附近意大利站、韩国站的访问,并把选址队员送上了难言岛。下午风云突变,就在领队一行回到"雪龙"号后,风浪开始加大,很快就超过了直升机安全起飞的极限。

眼看到了要接队员回来的时间节点,"雪龙"号又像以往一样,驶入了意大利站所在的海湾,希望那避风的海湾能有起飞条件。进入海湾,风未见减弱,原来今日的风向不是往日来自南极大陆的下降风,而是来自海上的气旋。驾驶台上,领队和船长神色严峻,上岛队员只携带了能维持1~2天的食物和饮用水,没有露营过夜的准备,若不及时接回来就有被冻伤的危险。

气象保障室的小宋被叫到了驾驶台,他们的预报是今晚受气旋影响,风力还会加大。这个气旋是提前影响了本区,所以未能提前通知。机长从监控屏幕上看着飞行甲板上的飞机,狂风中旋翼在不停地颤动,他立刻去安排人员架设旋翼支撑,防止共振损坏旋翼。直升机停在甲板上都是问题,何谈起飞,不能起飞如何接回岛上的队员?

真是天无绝人之路,船长想到了在附近海域作业的韩国科考船。他让罗捷呼叫韩国船,询问对方当下的实际风向、风速。对方回答说风向南风,风力10~11节。令人难以置信,韩国船距离我们不过16海里,我们遭遇了20m/s的狂风,相当于时速43节,对方那里的风速只有10节。船长当即决定向韩国船靠拢,只有1小时多的航程。

剩下的事情可以想象,"雪龙"号到达韩国船附近,直升机起飞,分两批接回了岛上的队员。我没有目睹这个过程,但在卧榻上听到了回程队员的脚步声和兴奋交谈的声音,他们或许没有意识到遭遇的险情。如果附近没有那艘韩国船,如果韩国船的位置没有处于静风海域,那他们就只能在岛上过夜。没有露营准备的他们大概只能抱团取暖了。幸运女神再次眷顾了"雪龙"号,它送来的使者就是恰好处于两个天气系统交汇部位的韩国船,给我们及时传来了此处无风的信息。

眺望难言岛

今天上午在驾驶台遇到徐副领队,他依然没有从兴奋中恢复过来。昨天他带领几名队员到了斯科特等曾经越冬的地方,突然感悟到先人们为何要在这里越冬,当"雪龙"号在海上备受狂风困扰时,他们那里风并不大。周围的地形背山面海,是中国传统文化中的风水宝地,附近还有一个不小的淡水湖。此前的选址作业也到过这里,只是因为临近企鹅保护区,且有历史遗迹,所以没有纳入考虑范围。徐副领队认为,距离企鹅聚集区有1km的距离,不会打搅企鹅的生活;历史遗迹与现代科考站并存也不是问题。根据他的建议,我们目前的预选站区应该北移到这个位置。可以看出徐副领队对新站选址是非常专注的,这两天都是他带队上岛。此前他也曾邀请我同行,我因要指挥大洋作业而推辞了。

我们在今日凌晨离开了难言岛,先在不远处完成海洋地球物理勘查,然后直奔罗斯岛附近海域。回程时我们还会路过这里,如果徐副领队再次邀请,我应该会随他上岛考察并提出自己的见解。在他眼里,地质学家对生存环境有职业敏感性,新站选址就是我们这个行业分内的工作。

几近完美的地球物理调查

2017-02-08

这两天,"雪龙"号在海图上留下了一个"弓"字形的航迹,我们在难言岛附近海域进行了海洋地球物理调查,目的是研究海底沉积物的地质构造特征和组成。罗斯海与东海类似,岸线外发育有宽阔的大陆架,覆盖了很厚的沉积物,具有可观的油气资源前景。美国科学家曾经在罗斯海大陆架进行过油气钻探,在很浅的深度就获得了油气流。意大利科学家进行过地震勘查,在罗斯海西部发现有天然气水合物存在的证据。尽管目前《南极条约》禁止在南极洲、南极大陆架进行任何商业性矿产资源的开采活动,但各国科学家的研究和调查或许能为我们的子孙后代提供新的资源储备。

负责地球物理调查的是自然资源部第二海洋研究所的杨春国老师,他的外貌与我们大多数人有明显的不同,高高的眉骨下有一双深邃的大眼睛,既不同于中原地区的北方汉族人,也有别于闽粤一带的南方汉族人,原来他是来自云南大山深处的彝族人。据人口学家的考证,云南少数民族中可能有一支源自西亚,他们的祖先为躲避战乱向东迁徙,来到了中国西部地区,逐步融入了华夏文明和民族体系。这支少数民族或许具有波斯血统。

杨春国不仅外表英武帅气,能力也不一般。地球物理调查是个高技术行当,要求有很强的工程专业背景。离开智利蓬塔后,杨春国和他的队员们就忙着把拆开运输的装备重新组装在一起,进行各种检测和调试,确保设备处于随时能够投入运行的待命状态。海洋地质和地球物理调查对天气、海况要求不高,好天气的时间段要优先安排依赖直升机的其他项目,我们的作业只能安排在不适合飞行的时间段进行。

前天傍晚杨春国被叫到驾驶台,领队和船长询问杨春国,

布放地震勘探电缆(左一为杨春国,张峤 摄)

是否可以提前进行地球物理勘探作业,因为我们的下一个目的地正被气旋笼罩,预计要到9日后才会出现适合飞行的好天气。"没问题,我们一切准备就绪!"杨春国语气坚定的回答让领队感到满意。根据最新的冰情图,地球物理组原先准备作业的地区仍被浮冰覆盖,需要启动第二方案。仅在几分钟后,杨春国就把第二方案作业区的坐标点位送到了驾驶台。从"雪龙"号目前位置到地球物理调查作业区只有几小时航程,留给作业组做最后准备的时间并不多。

地球物理组在后半夜开始了作业。把气爆枪和接收阵列放入海中是个费力的活,杨春国召集队友完成了设备投放。昨天上午我进行例行巡视,看到的是调查设备在正常运行,内有高压气体的空压机外拉起了警戒线,并设置了"作业期间请绕行"的标识物。正常有序的状态一直持续到结束。美中不足的是,空压机在测线完成前出现故障,地震调查也只能提前结束,但对结果的完整性影响不大。

总而言之,地球物理组的调查作业几近完美,或许他们的成果也会给大家带来惊喜。现在"雪龙"号正朝罗斯岛航行,预计明晨到达。

埃里伯斯火山下的收获

2017-02-10

埃里伯斯火山下的"雪龙"号（朱李忠　摄）

我们昨天清晨来到这里，"雪龙"号停泊在罗斯岛西侧的海面上，要进行2天的科考作业。这一片海域叫麦克默多湾（McMurdo Sound），Sound在这里应该是大海湾或水道的意思。船的左舷不远处就是南极洲最高的活火山埃里伯斯（Erebus），海拔是3794m。附近的海床深度接近1km，如果从海床算起，它的高度可能超过了其他几大洲任何一座活火山。

今天天气格外晴好,站在驾驶台上,埃里伯斯好似近在眼前。山腰上一层薄薄的云雾,好似它飘逸的裙带。山顶一缕淡黄色烟尘是它喘出的气息,这是活火山特有的呼吸,它还在喷出富含二氧化硫的蒸气。山坡上积雪不厚,像一层薄纱制成的睡衣,薄纱之下火山美人的胴体若隐若现,那可是用上千度的熔岩铸就的。

不远处就是美国的麦克默多南极科考站,山顶上的雷达和通信天线不用望远镜就能看见。美国在南极地理极点还建有阿蒙森-斯科特站,在南极半岛有帕默站,规模都不一般。眼前的这个麦克默多站是美国在南极的中心站和物资保障基地,山脊下建有大型机场跑道,能起落C130等大型飞机。人员最多时有3000多人在这里工作,俨然一座小城市。麦克默多站在选址上的最大特色就是避风条件好,它的北面是姊妹火山埃里伯斯和Terror(中文意译是恐惧和黑暗),海拔都在3000m以上,西面是南极大陆的横断山脉,南面还有几座海拔千米以上的高山,几乎常年具有飞机起降条件。领队肯定会带几个人去拜访麦克默多站,还有它的近邻新西兰的斯科特站。何时能成行还要看老天脸色,"雪龙"号停泊地可没有麦克默多站那样的避风条件。

直升机一早就把科考队员送上岸,傍晚他们才回来,大洋队也在飞行间隙进行了采样作业。今天早餐时大家坐在一起交流了昨天的收获。

最为低调的是陈志华,"我们昨天没有什么,取上来的样品只有黑乎乎的一团。"陈志华就这样"敷衍"队友的询问。但他没想到,在他前面用餐的队员并不像他一样低调,而是已经眉飞色舞地夸耀了昨天的收获。他们进行的箱式采样作业有不错的收获,有各种砾石、砂质沉积物,还有长在砾石上的珊瑚,单体都有小酒杯大小。砾石中既有来自埃里伯斯的火山角砾,也有来自南极大陆的冰川漂砾。

陈志华不愿夸耀成果,一方面是因为他生性低调,另一方面是他爱石如命，怕有人闻声而来分享他的样品。几天前在难言岛，采样作业结束后我电话询问他结果如何，得知收获不错后我去尾甲板看了看。或许是因为我观看样品的眼睛放光，陈志华随口说了一句"要不队长拿一小块做个纪念？"得到他的允许，我从足有几十千克的沉积物中拾取了一块3～5cm大小的砾石。一路上我已经留存了不少砾石，大部分是生物学家从海底捞上来丢在甲板上的，还有一些是在海滩上拾到的，唯独这一块是例外。看上去陈志华对自己片刻的慷慨有些后悔，一面夸奖队长好眼力，一面指挥队员分割样品，生怕样品再被我拿去一块。

登陆考察的动物学家喜形于色，他们昨天在伯德角（Cape Bird）看到了数万只阿德利企鹅，附近还有数量不少的贼鸥。我们在船上也看到这片海域有鲸鱼出没，粗略数了一下，视野中有7～8头鲸鱼，说

新港角测绘（祝贺 摄）

明这片海域生物产率高,而且多样性好。"几万只企鹅你们怎么数啊?"有人问鸟类学家张老师。"当然是从照片上数。"张老师回答说。先找到一个制高点,拍下企鹅分布区的全景照片,拼贴后划成若干网格,一格一格数过去。但是不同的季节有不同的数法。孵蛋期,巢中只有一只企鹅,另外一只在海上觅食,得出的数量要乘以二;孵化后可以忽略成年企鹅只数幼企鹅,然后再乘一个系数。这里面学问还不少。

地质学家也有不错的收获,在他所走过的地方,都是火山岩风化后剥蚀形成的坡积物,没有活动性冰川,近代以来也不曾被熔岩覆盖。如果埃里伯斯再次活动,这里至少不用担心融冰形成的洪水,至于会不会遭受火山灰或熔岩的掩埋,那就要取决于下次火山爆发的强度,以及埃里伯斯再次喷发的时间。

植物学家有些失望,他没有见到任何植物,哪怕是最低等的苔藓和地衣,这里的自然环境对植物生存而言过于恶劣。附近有两个小保护区,其中之一是专门为保护苔藓和地衣这类低等植物设立的。根据《南极条约》的精神,他们没有进入保护区。

气象学家也面临挑战,这里的天气系统格外复杂。除了全球性和区域性的气压、气流等因素,局部性的地形因素,还有来自南极内陆的下降风对当地天气的影响也很大。要准确预报这里的天气充满挑战。

走马观花的考察有所收获,但南大洋、南极大陆依然充满着神秘。

"陈氏第二断面"完成

2017-02-15

外海的气旋开始东移并减弱,"雪龙"号也再次告别难言岛,向中山站进发。

起航前我被召集到驾驶台,讨论航线和途中的工作安排。船长先介绍了规划的航线:离开罗斯海后"雪龙"号大致沿南纬65°,也就是高纬度航线向西航行,接近普里兹湾后再折向南,进入中山站。陈志华老师又提出了一条新断面,沿着罗斯海西岸布置了7个站点,进行地质采样作业。他把这7个站点和其他已经做过的采样站点投影到同一张图上,向领队介绍其中的科学意义:对这些站点沉积物的地质研究,将有助于理解罗斯海地区沉积物来源和海洋动力环境的变迁。

领队叫我谈谈看法,我首先肯定了陈志华的敬业精神,他对断面科学意义的理解是客观、到位的;同时也肯定了计划的可行性,几乎所有站点都在航线上,不会占用太多时间。船长也表态支持,"雪龙"号是踏着气旋东移减弱的节律向前推进,安排这些站点的作业与设计推

沉积物柱状采样作业(右一为陈志华,兰圣伟 摄)

进速度是一致的。领队最后表态："陈老师你胃口可不小，一口气提出了7个站点，既然大家都同意，就这么定了。"要知道领队对时间向来是严格掌握，斤斤计较，毕竟"雪龙"号还承担了物资补给和废弃物回运的任务，这次对陈志华可是格外慷慨。连同此前已经完成的"陈氏断面"，还有我们在难言岛、麦克默多海域的作业，陈志华在本次南极科考期间，获得了完整覆盖罗斯冰架边缘海域的地质样品，相信他一定会取得高质量的研究成果。

"陈氏第二断面"的地质采样作业从昨天23时左右开始。在我事先征询陈志华的意见时，他回答说："人手够了，风浪太大还是年轻人更合适。"风力虽然已开始减弱，但涌浪依然很强。有些队员开始作业前就已经晕船呕吐，但仍坚持和大家一起干活。张峤和聂森艳这两位女生都彻夜坚守在岗位上，一位开绞车，另一位操纵A架。这次罗斯海作业，她们都和男队员一样发挥了自己的作用。早饭后我参加了他们在A2—A4站点的作业，3～4m的涌浪给作业带来了不少麻烦，8m长的柱状取样器像秋千一样荡，需要几人合力才能稳住。尽管有困难，但队员们配合默契，采样顺利完成。

从船尾抬头望去，附近还有另外一条科考船，吨位明显小于"雪龙"号，在几米高的涌浪中时而被抛上波峰，时而又落入谷底，我既佩服他们的勇气，也有些为他们担心。妙星电话询问了驾驶台，才知道是意大利科考船"探险者号"在我们附近作业，吨位超过1000t，而"雪龙"号的排水量超过21 000t。一路上"雪龙"号拜访过不少国家的南极科考站，他们对"雪龙"号的作业能力、精神风貌和装备水平都交口称赞。

凭借"雪龙"号的能力，还有队员们的拼搏精神，"陈氏第二断面"已在22时左右完成，"雪龙"号正加大马力奔向中山站。

孙波领队的愿景和难言岛新站展望

2017-02-20

利用航渡空闲，我和孙波领队聊了聊极地研究和南极站建设的话题。孙波是卓有成就的冰川学家，从事极地研究已有多年的历史，一涉及这个话题，他立刻打开了话匣子，谈了他的设想和愿景。

52岁的孙波，最大的愿望是在他作为极地中心分管领导的任期内，在罗斯海建成新的南极科考站并投入正常运行，为自己的职业生涯画上圆满的句号。中国极地办公室、极地中心关注罗斯海已有多年，从第29次南极科考起，就对罗斯海的建站进行了选址调查，随后向国际南极管理委员会提出了在罗斯海西岸难言岛建设南极科考站的申请，得到了委员会成员国的一致支持。作为负责任的大国，中国对南极研究以及和平利用南极负有特殊责任，国际社会对我们也寄予了期待。"雪龙"号停靠蓬塔期间，智利南极所精英尽出，访问了"雪龙"号，表达了与中国科学界在南极研究领域开展合作的强烈愿望。孙波领队访问新西兰斯科特南极站期间，对方站长表示，他的任期目标之一，是在罗斯海与中国同行开展合作。长城站、中山站的硬件设施和生活条件，以及"雪龙"号的保障能力，获得了国际同行的赞誉。中国在南极研究领域的投入，已经成为国家实力的象征。

要让南极科考站真正成为常态化运行的科研基地，与外界的交通运输纽带至关重要，孙波领队说。位于南极半岛的长城站紧挨着智利的马尔什空军基地，人员进出非常便利。而位于普里兹湾的中山站在后勤补给和人员进出上目前只能依靠"雪龙"号，并且只能在短暂的夏季停靠中山站。附近虽然也有冰上机场,但只能起降轻型螺旋桨飞机。孙波领队心目中的南极站肯定是以美国麦克默多站为蓝本的。他认为,难言岛具有建设大型蓝冰机场的条件。在不远的将来,这里将成为中国的南极研究基地。

以难言岛为基地研究南极和南大洋具有得天独厚的优势,相关学科都能找到自己的兴趣点和研究热点。生物学家感兴趣的可能是罗斯海丰富的生物多样性和生物产率;地质学家的研究热点可能是南极洲最大的活火山、最大的地热田(麦克默多绿洲)、末代盛冰期在难言岛上留下的冰川遗迹,冰期和间冰期交替在罗斯海的沉积记录;大气和环境学家可以研究罗斯冰架的下降风、它对表层海水的驱动,以及冰架-海水-大气之间的物质交换,这对于认识全球环境变迁具有重要意义。

在孙波领队眼里,一个现代化多学科南极科考站和综合基地已经成型,你对它感兴趣吗?这里有你适合的工作岗位吗?

回到普里兹湾

2017-02-21

冰山与"雪龙"(胡小刚 摄)

随着"雪龙"号向西航行,我们离普里兹湾和中山站越来越近,仅剩下2天航程。我们上一次进入普里兹湾是在2016年的12月初,那是南极的初夏时节,海面上的浮冰开始消融,藻类也进入旺发期,一切都显得生机盎然。

时隔80多天,在完成环绕南极洲一周后,我们又将再次回到普里兹湾。季节已经从初夏切换到了初冬,在罗斯海我们已经看到有大片的荷叶冰正在形成,其他海域也会很快跟进。初冬时节的气候、冰情变化格外复杂,甚至可以形容为瞬息万变。

根据往年的南极科考经历,"雪龙"号在普里兹湾遭遇的麻烦可真不少。中国第32次南极科考时,"雪龙"号为营救被困的俄罗斯科考船,自身被困在浮冰区长达20多天。中国第31次南极科考时,"雪龙"

号在普里兹湾遭遇暴风雪和罕见的严寒,气温降到了-17℃,海浪涌上船头立刻结冰。"雪龙"号被厚厚的海冰包裹,连主机舱的排气孔都被海冰堵塞,船长不得已动员全船人员对关键部位进行手工除冰。这些非同寻常的经历,让领队在确定普里兹湾作业方案时格外谨慎。

回到普里兹湾,"雪龙"号的几项主要工作是,把内陆队、中山站度夏队的全体人员,连同他们的行李和设备撤到船上;卸载中山站需要的后勤补给物资;此外还有科考作业。确定作业顺序颇费思量,按常规是先完成人员、设备回撤,物资卸载,然后再安排科考作业。但科考作业的主要任务之一是回收往年布放在普里兹湾的潜标,这是一项季节性很强的工作,如果海面结冰,哪怕是厚度不大的荷叶冰,都会给回收工作带来很大麻烦。不仅海冰,风浪的影响不能忽视,往年就曾有过风浪太大无法回收潜标的经历。

方案几经修改,航线不断优化,时间计算精确到小时,连作业点几点起风、几点起浪都纳入了考量,领队和船长终于同意,进入普里兹湾后先完成潜标回收,再安排其他作业。对于"雪龙"号来说,这可是头一遭。要知道"雪龙"号是综合补给船,它的主要任务是为南极科考站提供物资补给。这次能打破常规优先安排科考作业,一个因素是体现了领队对科考的重视,他毕竟也是科学家,另一个因素是根据国际气象保障室织的观测,2017年是南极周边海域海冰最少的年份,作业区目前的海冰较少,给"雪龙"号造成威胁的可能性自然也就降低了许多。

有可能带来麻烦的是中山站附近的那几座冰山。此前曾发生过冰山"翻身",掀起的巨浪如同海啸。剩下的这些冰山何时"翻身"谁也说不准。为安全起见,在冰山附近将避免使用小艇作业,物资卸载和人员进出将使用直升机。

一路上的冰情和气旋没有给"雪龙"号的航行带来麻烦,我们预计在后天,也就是23日一早到达作业区。万事俱备,期盼好天。

普里兹湾第一阶段作业遇到了不少麻烦

2017-02-24

根据计划安排,我们在普里兹湾的作业将分3个阶段进行。第一阶段我们要完成大部分潜标回收和布放;第二阶段利用卸货间隙完成一条短剖面的观测;第三阶段在"雪龙"号撤离中山站时完成主剖面的观测。

布放潜标(兰圣伟 摄)

第一阶段的作业几乎是在和气旋赛跑。22日前面一个气旋离开,直到午后仍有7级风,海面有2.5m高的涌浪,真担心后半夜不能按预定计划开始作业。后面一个气旋将在24日夜间到来,留给我们的时间有些捉襟见肘。按照此前的计划,站点之间的航渡需要约30小时,完成各项作业也需要30小时。能否在两个气旋之间完成作业,既要看天气,也要看我们的工作进度。

节省时间、加快进度的第一法宝是合理安排作业顺序。潜标上浮后需要依赖目视寻找它的位置,只能在白天进行。"雪龙"号到达第一站点和第三站点位置的时间都是在凌晨,秋季的南极天还没有亮。不得已把水文观测等项目提前进行。等这些项目完成后,天已放亮,再进行潜标回收。调整作业顺序合理利用了夜间时间,避免了消极等待。

　　加快进度的另一法宝是勇气。到达第一作业点时,气旋刚过,风速已经降低到作业许可范围,但海面仍有近2m的涌浪,这种长波涌一般要在风速下降8~10小时后才会渐止。水手长唐飞翔和安全督导曹建军协商后,决定按计划进行作业。在潜标上浮后,60岁的曹建军操纵橡皮艇,带着两名年轻队员去将潜标拖回。唐飞翔在甲板指挥吊车和绞车。看着橡皮艇时而被抛上波峰,时而没入谷底,真为他们捏一把汗。或许再过几小时海况会好一些,但海上情况未知因素太多,在佩服他们勇气的同时,也觉得冒一定风险是值得的。当然,回收过程相当顺利,毕竟曹建军和唐飞翔都是多年的"老海洋"。

　　不值得提倡的方法是适度精简作业环节。第一个潜标顺利回收后,我向现场指挥滕飞建议,是不是可以省去三点定位。有两条理由:第一是三点定位坐标与原始记录坐标差别很小,几乎可以忽略;第二是我们需要在天黑前完成第二个潜标的回收,时间很紧。滕飞部分采纳了我的建议,没有做正规的定位,但在接近潜标时做了3次测距。"雪龙"号到达预定位置后,在驾驶台上迟迟未见滕飞下发释放指令,电话询问,原因竟是他的计算表明潜标没有在原来的位置,但天色已暗,不得已下令释放。十几分钟后,原本应该出现在船前方一两百米的潜标,竟然在船尾几百米开外被发现。这将近1km的距离,只能解释为潜标在布放后的位移,它顺着水下斜坡滑行了一段距离。看来回收前再次定位还是必须的。

　　在回收潜标的最后一个作业点,已经不能说是赛跑,简直是拼了。这个安放在埃默里冰架前沿的潜标,它的科学意义得到国际公认,但可操作性备受质疑。这个潜标在中国第31次南极科考时被布放,目的是观测冰架下的洋流活动,以及探测冰下是否存在源自南极洲向南大洋的物质输送。一年后，也就是去年曾试图回收这套潜标，但因风浪太大无法回收。在接近潜标的航渡途中，我们感受到了自然环境的恶劣。"雪龙"号航行在冰山群中，这大大小小的冰山像是地雷阵。它们可不是被搁浅在这里，而是刚从埃默里冰架上断裂下来的新冰山，在风和洋流的推动下游荡于海面之上。风力已经加大到7~8级，海面白浪滔滔。气温是-12℃，挂在船舷边的绳梯已经结成了冰柱。风吹在脸上如同刀割一般。此前预报傍晚到达的气旋似乎提前了几小时。我们面临的处境是，这套潜标如果不回收，电池将很快会耗尽；"雪龙"号计划明天在中山站卸货，而且面对这些游荡的冰山，也不可能在这片海域等待过夜。如果今天不回收，就等同于放弃了这套潜标。

我们把情况向船长说明后，船长表态，只要潜标浮出水面进入视野，他就有办法，但尽量要快。船长的表态给大家吃了一颗定心丸。在与潜标通信获得稳定应答信号后，现场指挥果断下达了释放命令。大约10分钟后，左舷方向不远处看到了3组浮球。"雪龙"号一个漂亮的左满舵，进入浮球的上风位，然后停船，在风力的推动下向浮球靠去。

队员们在水手长的指挥下，用挂钩钩住了浮球，然后移向船尾。原本以为回收会非常顺利，但遇到的麻烦还真不少。绞盘将缆绳卷起的过程中需要人力配合，将数百米的缆绳盘绕整齐。缆绳一离开海面就开始结冰，回收过程中大家的手套上全是冰花，胶皮手套不防寒，手指很快就冻得僵硬并生疼，脸也被寒风吹得麻木。

缆绳回收至一半时，体积较大的释放器卡在船尾的水下部件上，不得已放弃了释放器和一组浮球。另外一侧的缆绳似乎与舵片也有缠绕。船长来到了尾甲板作业面，我们一面缓慢回收，船长一面指挥驾驶台不断旋转舵面，挂在舵面上的缆绳终于松脱开来，大家一鼓作气，把这组潜标收到了甲板上。

检查发现,潜标破断器以上部分已经被路过的冰山刮走,释放器在回收过程中被放弃,但全部观测设备连同两年的数据全部回收成功。这个站点的作业虽不圆满,但能做到这样已经相当不易,不仅是大洋队,还有船长和水手长,大家都尽了最大的努力,结果也是相当不错的,我们保住了观测设备和珍贵的数据。

作业结束后已经过了晚饭时间,食堂为我们留了热饭菜,船长吩咐加了几个菜,煮了几盘饺子,开了一瓶红酒给大家暖暖身子。我吩咐能喝酒的队员,好好敬船长、水手长和安全督导几杯。喝酒的与没喝酒的都满脸通红,感受到的不仅是红酒的热度,还有"雪龙"号上队员间的友情,当然还有极地寒风在脸上留下的印记。

盘点第一阶段作业,我们回收了四具潜标,布放了一具新潜标,实现了全部预期目标,时间比预计提前了半天。稍稍遗憾的是,一名队员扭伤了脚踝,另一名挤伤了手指。尽管只是轻微伤,也反映出我们极地大洋科考作业不容易。

久违了,中山站

2017-02-25

昨夜睡得格外香甜。此前接连两夜都有作业,尽管干活的都是年轻队员,我只不过是搭把手,但也丝毫不敢大意,生怕有意外情况出现。每夜都是要到潜标回收时醒来,自然不会睡得深沉。昨日傍晚全部潜标回收成功,精神一放松,一个长夜也就像眼睛一眨。

6时许,睁眼就看见阳光从窗帘边的间隙照进室内,掀开窗帘朝外望去,众多冰山间墨绿色的分明是陆地,那丘陵是那么眼熟,因为曾经攀上过其中的一座并朝远处眺望过,那山脚下就是我们拜访过的中山站。

我们2016年12月12日离开中山站,在完成环绕南极洲的航行,还有南极半岛、罗斯海的科考作业之后,时隔两个半月又回到了中山站。这一路上我们经历了无数次南大洋气旋的考验,也经历了连续10天的不间断作业,艰难困苦的锤炼让我们变得无比坚强,狂风巨浪的洗礼也提升了我们的思想境界。面对浩瀚的南大洋,

中山站外的层层冰山(冯洋 摄)

任何个人都显得十分渺小,但当我们成为国家队的成员,代表国家去承担一次光荣的使命和任务时,我们就无往而不胜,中国第33次南极科考队就是这样的一支队伍。

"雪龙"号通过直升机向中山站输送油料(陆志波 摄)

参与环绕南极的航程让我倍感荣幸。中国以环绕方式进行南极科考一共只有3次,即2013年的第30次,2014年的第32次和2016—2017年的第33次。其中的中山站、内陆、长城站队员不参加环绕南极的航程,作为科学家参与环绕南极的科考迄今为止不过百余人,能成为这百余人之一,你说该有多荣幸?

让思绪回到中山站,虽然"雪龙"号的停泊地距离中山站不到5km,海面上能见度有十几千米,但是我们却看不见它,一座座巨大的冰山遮挡了我们的视线,也把中山站与"雪龙"号之间的水道堵了个严严实实。无法使用"黄河"艇和长江驳进行卸货,"雪龙"号再次使用直升机作为货物和人员的运输载体。经初步测算,中山站回国人员连同他们的行李、科考设备和样品,以及后勤补给物资的运送需要四五天时间。

在今后这段时间里,"雪龙"号白天进行物资和人员上下船运送,晚上驶往外海安全水域躲避冰山。大洋队只承担了很少的配合性工作,领队让我们休整几天并准备下一阶段的作业。

今天首批回国队员已经上船,有不少熟悉的面孔,见面只是简单寒暄,他们还要忙着整理回运的行李和设备。大家关心的"小萝卜"还没回来,大概在忙着科研任务的收尾工作。不过在大洋队的办公室里已经保留了她的座位。

卸货与交流

2017-02-27

中山站的邻居：俄罗斯进步站（兰圣伟 摄）

"雪龙"号停泊在中山站附近海面卸货已经是第3天了。白天两架直升机交替作业，运送人员和货物，日落后"雪龙"号驶往开阔水域，因为中山站附近的冰山太多，并且在时时移动，所以入夜后要外撤20～30km以确保安全。

这次卸货和此前的卸货有很大的不同。上次到达中山站，需要卸载大批后勤保障物资，装载方式是集装箱，如果卸载在冰面雪橇上，作业方式会很简单。改为直升机吊运后就需要动员大量人力进行掏箱作业。而这次上下船的主要是零散物资，以及回船人员的行李、随身携带的科研仪器和样品。这些物品的摆放位置事先有周密安排，大洋队并不知道物资疏散方式和储存位置，搬运物资的工作自然很难插上手，因此领队刻意吩咐大洋队全体休息。仅有两次我们被叫去帮忙，一次是搬运中山站在智利采购的食品，总量不过10t，但要从船头的食品冷库中搬到船尾的飞行甲板，大洋队和内陆队全体出动只用了不到1小时。第二次是搬运冰芯，用了不到半小时。

空闲时站在驾驶台眺望中山站，建在高地上的通信天线、风力发电装置、天文观测楼（六角楼）历历在目，但主建筑被一座冰山遮挡。其他冰山一夜之间能移动几百米，风大时甚至能走几千米，但岸边的那几座显然是搁浅了，我们到达后它们几乎是纹丝不动。目前已是初冬季节，普里兹湾的海水很快就会结冰，中山站岸外的冰山肯定会保留到来年夏季，明年卸货还会再遇到这些冰山的阻碍。

放眼海上，视线中的冰山特别多，少说也有上百座。我们去年年底进入普里兹湾时可没见到这么多冰山。冰山似乎也有大小年。今年中山站附近的气温可能高于往年，埃默里冰架的移动速度加快，向周边海域输送的冰架数量也相应增多。这一看法可不是凭空想象。在俄罗斯进步站和冰盖之间隔了一个山坡，被称为"俄罗斯大坡"。这是中山站和出发基地之间的必经之路，内陆队前往泰山站和昆仑站都需要从这里登上冰盖。前不久这大坡变成了大沟，原来坡上砾石层下面也是冰，被来自冰架下的暗河掏空后发生了塌方。内陆队在完成任务返回中山站的途中在这里遇到了小小的麻烦，他们不得不绕道而行，差点被阻隔在家门外。这"俄罗斯大坡"自中山站建成后就一直存在，今年的塌方说明冰架消融量高于历年。

俄罗斯站距离中山站只有2~3km路程，没有受塌方影响。前不久两国科考队员在一起举办了一场联合运动会。乒乓球冠军是中国队员，但亚军、季军都是俄罗斯队员。马拉松比赛俄罗斯队员包揽了前六名，其中一位是金发碧眼的俄罗斯美女。"战斗民族"的队员似乎比中国队员更加适应高寒环境,好像也更加注重身体素质的锻炼。中山站的小伙子们户外锻炼时经常在冰盖上遇到俄罗斯队员,其中一位飘逸的金发和矫健的步伐让小伙子们羡慕不已。如果男女分别计算名次,则女子马拉松冠军是俄罗斯美女,亚军和季军是两位中国美女。中国美女能跑完全程,总算挽回了一些面子。

访问俄罗斯站(兰圣伟 摄)

  卸货期间还见到了另外一条船,那是俄罗斯的"费德罗夫院士"号综合科考船,吨位小于"雪龙"号,但船型相像,都是用于极地运输兼科考。它停靠在"雪龙"号附近(距离不过三五千米),执行的是和"雪龙"号一样的任务,给科考站运输补给物资,然后接度夏队员回国。俄罗斯科考站与中山站是好邻居,两国的船舶在停靠时也结伴停靠。往年俄罗斯船在南极被浮冰围困时,"雪龙"号曾出手救援。这次停靠两船少不了互致问候。早上当对方呼叫"雪龙"号时,值班的二副罗捷按照惯例回答了对方的问候。听见中方回复的是女性,对方船长的俄式英语立刻变得温柔了许多,似乎刻意要咬准发音,在高频电话里又多聊了好一会。在远洋科考船上,能站立在驾驶台值班岗位上的女性绝对是"珍稀动物",比熊猫还稀有。也难怪俄罗斯船长听到中方二副甜美的嗓音格外兴奋,在其他国家,远洋船驾驶台几乎是男性的天下。

  以往熊猫码头能用时,俄罗斯站会借用中方码头卸货,今年他们也只能使用直升机卸货。"雪龙"号和"费德罗夫院士"号使用的都是俄式卡-32直升机,俄罗斯人似乎更熟悉这款机型。早上我们的直升机还没有起飞,俄罗斯的同型号直升机已经飞了好几个架次。从航线和飞行姿态来看，俄罗斯驾驶员应该是退役或现役空军驾驶员，飞"雌鹿"（一款武装直升机）出身的。中方驾驶员是民航出身，并且受雇于私营企业，对飞行安全条例的掌握程度自然不同。

"费德罗夫院士"号在为本国科考站运送补给后，还要为附近的印度站提供补给。印度南极站由芬兰人设计，德国公司建造，例行维护也委托给德国公司；后勤补给包给了俄罗斯人，驻站直升机驾驶员也是俄罗斯人。科学家出入科考站先乘民航班机飞到澳大利亚，然后再由澳大利亚飞往南极站。中国科学家通常是搭乘"雪龙"号，一路上还要承担观测任务。印度似乎没有远洋科考船，他们的活动范围仅限于南极洲的陆地，在俄式卡-32的航程以内。

印度站和中山站之间友好交往也很频繁。中国新年前恰逢印度站举行庆典，中山站派出一个代表团访问了印度站，参加了对方的国庆招待会，也邀请对方来中山站过年。大年三十晚上，印度队员、俄罗斯队员在中山站和中方队员欢聚一堂，度过了一个热热闹闹的中国农

访问印度站（兰圣伟 摄）

历新年。相比于俄罗斯的进步站，中山站和印度站交往存在一些困难，首先是距离较远，而且缺乏陆上交通，每次往来都要动用直升机，其次是中国人对印度食物似乎不太适应，食用后经常会腹泻。这种腹泻应该与微生物无关，南极几乎没有致病微生物。

根据天气预报，后天风力开始加大，不再适合飞行，我们将出海作业两三天，完成阶段性任务后再回到这里。

变与不变

2017-03-01

普里兹湾的天气和罗斯海类似,属于极地干燥气候,在两个气旋或低气压之间,有4~6天的晴好天气,至少在夏季是这样。目前处于夏去冬来季节交替时,这一规律仍然有效。季节的变化没有妨碍我们享受南极大陆夏末冬初的好天气,在驾驶台上,即便是穿透了双层玻璃的阳光,晒在身上也有暖洋洋的感觉。

我们25日早晨到达这里,气旋刚走,中山站和普里兹湾都雪过天晴,风力也很快降低到5级以下。当天上午直升机就开始作业,中午就有队员连同他们的行李从中山站撤回到"雪龙"号上。卸货作业也随之拉开了序幕。到今天,也就是3月1日,已经连续晴了5天,直升机也飞了5天。

每天能够飞行的时间并不长。作业点地处埃默里冰架前缘,处于下降风的影响范围。所谓下降风是南极大陆冰盖与海面温差造成的。后半夜至早晨,冰盖表面温度很低,空气比重大,而海面温度相对较高,空气比重小,因此气流从冰盖吹向海面。日出后,冰盖表面温度上升,而海面温度基本恒定,温差减少,风力也随之减弱。"雪龙"号早上从外海回到中山站前的作业点,通常要等到10时,甚至要到12时风力降低到5级以下。天黑前要结束作业,"雪龙"号再去外海漂泊,每天都是如此,以躲避在附近游荡的冰山。卸货作业踩准了下降风的节奏,风小而作,日落而息。

好天气如果能再延续一两天,全部作业或许就能结束,但老天不肯过于慷慨。气象预报说今晚开始受气旋影响风力加大,并伴有降雪过程,明后两天不适合直升机作业。根据预报,最大风力将不会超过7~8级,且持续时间不会太长。对此我们早有准备,利用气象不适合飞行的卸货作业间歇期,去完成第二阶段的大洋科考作业。面对变化的天气,我们准备了多套作业方案,以变应变。

我们照例提交了一份详细的书面计划,时间节点精确到小时。其中两项是常规性的,内容队员们都已经熟悉,布放一套潜标,做一条短剖面水文观测。只要细心操作,应该不会出现意外情况,会顺利完成。潜标回收难度较大,此前已经做过尝试,但在原先布放的站点未能获得潜标的应答信号,初步结论是潜标被路过的冰山刮带发生了移位。我们将在一个合理范围进行搜索,希望能找到这套潜标。

期待我们周密的方案能够带来奇迹,希望这套失踪的潜标能够失而复得。

期待的奇迹没有发生

2017-03-02

昨天20时离开中山站海域时天气晴好，虽然天边地平线附近飘着几片浮云，与往日的晚霞也没什么不同。风力从下午的微风已经加大到3～4级，丝毫看不出气旋来临的迹象。当直升机飞完最后一个架次后，"雪龙"号离开中山站，驶往外海大洋科考作业区。

一路上风力和云量都在逐步加码，半夜到达作业区时风力已达6～7级，天空还飘着小雪，温度降低到-12℃，极地气旋已经开始发威。由于气象预报的准确，我们对此早有准备，潜标布放作业按照预定流程顺利进行。由于水深较浅，潜标的缆绳也相对较短，布放过程没有遇到任何意外。但在潜标全部入水后，风力已超过7级，海面上翻卷的巨浪对水声通信干扰极大，声学检测和定位遇到了小小的麻烦。原计划2小时能完成的操作花了3个多小时。

天大亮后我们到达了第二作业点。一年前中国第32次南极科考队在这里布放了潜标，但在3个月前我们初次路过这里时，未能获得该潜标的应答信号，它目前处于失联状态。潜标在海底工作一段时间后不能正常回收的情况并不少见，大多数都是因为声学释放器不能被唤醒。在极地海域这种异常情况的发生概率高于其他海域，一般认为这与冰山活动有关。我们的研究区位于冰架前缘地带，常有冰山路过。冰山在海面下的体积是它总体积的90%，一座海面高度数十米的冰山，淹没在水下的深度可达数百米。潜标的浮球乃至声学释放器都有可能与冰山发生碰撞。

对处于失联状态的潜标,我们此前的判断是,要么声学通信装置已经损坏,不再能收发信号;要么在冰山作用下发生了较大的位移,也就是被冰山刮带走了。我们按照后一种可能性设计了搜寻方案,布置了一个蝌蚪状的搜索区域,蝌蚪的尾部指向当地冰山的主流运动方向。该方案得到了领队和船长的认可,大家认为具有可行性和合理性。如果潜标只是发生了位移,并且位置仍在搜索范围内,我们仍有可能寻获并回收它。尽管事先知道概率不大,我们还是进行了最后的努力,期待奇迹的发生。

经过数小时的搜寻,奇迹并没有发生,失联的潜标依然杳无音信。我们不得不接受这样的事实:潜标的声学通信系统失效,或者它已经被冰山带到了搜索范围之外的海域。因为"雪龙"号没有更多的时间等待,我们不得不放弃这套潜标。

带着遗憾和无奈,我们又向下一个目标前进。这就是南大洋科考。我们努力尝试去认识这片神秘的海域,却无力改变它,对于造化安排的结果,我们只能无奈地接受。

告别南大洋

2017-03-09

今天10时,随着最后一个站点的CTD和采样器出水,我们在南大洋的科考作业画上了一个圆满的句号。

科考作业正式结束的准确时间受到了各方关注。首先是孙波领队和徐副领队,他们一再告诫,最后的作业千万不能大意,一定要善始善终,不能出任何问题。他们的担心不无道理。前天告别中山站后,立即召开了一次队务会,气象保障室的周晓英和宋毅首先介绍了未来一周的天气趋势,在返航途中,"雪龙"号穿越西风带的时间窗口是在3月15日之前,紧贴前一个气旋的尾部,赶在后一个气旋之前。15日后的气旋强度超大,涌浪高度是8~9m,超出了"雪龙"号的抗风浪能力。中期气象预报让大家感到形势严峻,会议决定尽快完成大洋作业,尽快穿过西风带。

7日下午会议刚结束,"雪龙"号就开始按预定航线向北疾驰。按照先前的计划,我们需要在两天内完成十几个站点的科考作业,包括布放一具潜标和两套海底地震仪。作业开始后,风浪就逐渐加大,到作业后期浪高已经接近4m,这是能够安全作业的极限。布放海底地震仪时,接连让人出了几身冷汗。当海底地震仪被A架送出尾甲板后,尚未到达海面,一个巨浪打来,地震仪居然挣脱了挂缆坠落海面,并迅速沉入水下。此时释放指令尚未发出,在场的人面面相觑,以为布放失败。此后的声学通信测试未能收到正常的应答信号,这更让现场负责人神色紧张。协助布放的滕飞根据此前的经验认为,可能是声学信号发生器入水深度不够。他们在信号发生器上加挂了铅块后重新测试，果然收到了地震仪在水下的应答信号，证明它处于正常状态，大家虚惊一场。为慎重起见，取消了第二套地震仪的布放。

时刻关注大洋队作业进展的还有船长和驾驶台的工作人员，他们几次打电话到作业现场，核实准确的作业结束时间。为了能避开15日的超级气旋，他们一面时刻关注天气变化，一面关注我们的作业进度。"雪龙"号再次显示出强大的气象保障能力，天气变化态势的更新随时被发送到驾驶台的显示屏幕上。所谓的窗口时间，只不过是两个气旋之间一个窄窄的高压脊，"雪龙"号将沿着这条高压脊穿越西风带。当得知我们提前了将近10小时完成全部作业时，船长和驾驶台的工作人员如释重负。他们此前担心如果后面的气旋移动速度加快，"雪龙"号将会和它正面相遇。大洋作业提前结束，为保障航行安全赢得了宝贵的10小时。这其中只有一半是大洋队的功劳，另一半要归功于出发时间的提前。

关注我们作业进展的还有《中国海洋报》的兰记者，他一早就来到

收官之作（兰圣伟 摄）

物理海洋室,等候我们的CTD提升至海面,他要在第一时间给《中国海洋报》提供消息报道。最后的作业大家格外谨慎。为防止CTD被巨浪拍落,在它出水前滕飞去了一趟绞车操作间,和操纵绞车人员讲解了把握时机的要领:在波浪顶峰处迅速将设备提出海面,这样当下一个浪峰抵达时,CTD已经到达安全高度。他在操作间留下了一个对讲机,自己手里也拿了一个。滕飞在船舷边注视着CTD接近海面,时机一到,他举起左手并对着对讲机喊了一声"起"。CTD被稳稳地提出了海面并轻轻地放在了底座上。伴随大家的一声号子,CTD和采水器被推回到舱室中。最后一个作业点的操作近乎完美,这一切都被兰记者收入了镜头中。或许不久《中国海洋报》的头版将出现"雪龙"号南大洋作业圆满收官的报道。

随着大洋作业圆满结束,"雪龙"号开足马力向北航行,告别南大洋。

后记

随着最后一个站点作业完成，我们环绕南极的科考任务画上了圆满的句号。从2016年11月29日驶抵中山站外围，到2017年3月9日驶离普里兹湾，环绕南极的航程历时101天。大洋队的队员们按预定计划完成了针对南大洋的洋流、生物、气象、地质等多学科综合考察，还参与了后勤补给和物质装卸作业。这其中既有高强度连续作业的艰辛，也有完成任务的喜悦，年轻队员们经受住了考验走向成熟。把这段难忘的经历奉献给读者们，是因为人类对自然界的探索永无止境，极地科考事业需要一代又一代科技工作者砥砺前行。南极、南大洋、长城站、中山站永远是我心中的圣地。

我们曾经来过并难以忘却的地方
（从中山站遥望普里兹湾）